高等职业教育教学改革系列教材

U0174699

5G 通信工程设计与概预算

丁　远　袁宝玲　田　钧　主　编

龚戈勇　王楚锋　副主编

电子工业出版社

Publishing House of Electronics Industry

北京·BEIJING

内 容 简 介

本书介绍了 5G 的发展、应用、部署策略、基站勘察与设计、概预算等关键环节。第 1 章介绍 5G 国内外发展进程，介绍 5G 在各行各业的应用，以及 5G 关键技术原理；第 2 章讲解现网通信基站的主设备、电源、杆体、天线等基站设施和设备；第 3 章讲解在规划部署 5G 方面采取的策略；第 4 章重点讲解基站勘察的方法和流程、传统基站的施工图设计、5G 室外宏站改造方案、5G 室内分布系统改造方案、常见 5G 基站的施工图设计；第 5 章讲解通信工程概预算中表一～表五的组成和实际工程中编制预算的过程。

本书可作为高等职业院校通信类专业的教材，也可以作为从事通信工程的人员的参考用书。

图书在版编目（CIP）数据

5G 通信工程设计与概预算 / 丁远，袁宝玲，田钧主编. —北京：电子工业出版社，2020.9
ISBN 978-7-121-39535-2

Ⅰ. ①5… Ⅱ. ①丁… ②袁… ③田… Ⅲ. ①无线电通信－移动通信－通信工程－工程设计－高等学校－教材②无线电通信－移动通信－通信工程－概算编制－高等学校－教材③无线电通信－移动通信－通信工程－预算编制－高等学校－教材 Ⅳ. ①TN929.5

中国版本图书馆 CIP 数据核字（2020）第 174953 号

责任编辑：王艳萍
印　　刷：涿州市般润文化传播有限公司
装　　订：涿州市般润文化传播有限公司
出版发行：电子工业出版社
　　　　　北京市海淀区万寿路 173 信箱　邮编　100036
开　　本：787×1 092　1/16　印张：12　字数：307.2 千字
版　　次：2020 年 9 月第 1 版
印　　次：2024 年 1 月第 4 次印刷
定　　价：42.00 元

前　　言

当前，信息通信技术向各行各业融合渗透，经济社会各领域向数字化转型升级的趋势越发明显。数字化的知识和信息已成为关键生产要素，现代信息网络已成为与能源网、公路网、铁路网相并列的不可或缺的关键基础设施，信息通信技术的有效使用已成为效率提升和经济结构优化的重要推动力，在加速经济发展、提高现有产业劳动生产率、培育新市场和产业新增长点、实现包容性增长和可持续增长中发挥着关键作用。

发达的移动通信网络促使各行各业发生巨大改变，一大批新兴高科技企业以移动通信网络为基础蓬勃发展。已逐渐走入我们生活的 5G 会在哪些方面影响我们的生活，又会产生哪些新兴产业呢？VR、无人驾驶、智慧城市、万物互联等大量新兴的领域需要我们进一步去开拓。

本书介绍了 5G 的发展、应用、部署策略、基站勘察与设计、概预算等关键环节。第 1 章介绍 5G 国内外发展进程，介绍 5G 在各行各业的应用，以及 5G 关键技术原理；第 2 章讲解现网通信基站的主设备、电源、杆体、天线等基站设施和设备；第 3 章讲解在规划部署 5G 方面采取的策略；第 4 章重点讲解基站勘察的方法和流程、传统基站的施工图设计、5G 室外宏站改造方案、5G 室内分布系统改造方案、常见 5G 基站的施工图设计；第 5 章讲解通信工程概预算中表一～表五的组成和实际工程中编制预算的过程。

每章在最后均设计了实践窗口，有利于加深对知识的理解。由于 4G 和 5G 将在一段时期内共存，5G 设备和工程设计也是 4G 的延伸和升级，因此书中第 2 章和第 4 章扩充了现网 4G 的设备和工程设计相关知识。为方便读者更好地理解相关知识和原理，书中采用了大量的图形和表格，更直观更形象地阐述工作原理。

本书由丁远、袁宝玲、田钧担任主编，龚戈勇、王楚锋担任副主编。中山火炬职业技术学院袁宝玲老师提供了大量理论知识，同时按照学生对通信知识的需求和理解能力，提出了针对性的修改建议，使本书结构更加合理清晰。佛山职业技术学院田钧老师为本书提供了工程项目经验和技术资料，主持编写了部分章节，使本书的知识更具实践性。书中涉及的项目、数据、设备、方案设计均来源于日常工作积累。本书的编写得到了中国移动集团广东分公司的大力支持，为本书提供了大量的实践资料和理论数据，在此表示感谢。

为了方便教学，本书配有电子教案等参考资料，请有需要的读者登录华信教育资源网（www.hxedu.com.cn）免费注册后下载。

如需书中涉及的设备、软件、数据、方案，可以直接发邮件向作者（Email：39285402@qq.com）索要，欢迎广大读者共同研讨 5G 相关技术和应用，共同进步。

编　者

目　　录

第 1 章　5G 理论基础

第五代移动通信技术（以下简称"5G"）作为新一代宽带无线移动通信网，将以全新的网络架构、至少十倍于 4G 的峰值速率、毫秒级的传输时延和千亿级的连接能力，开启万物广泛互联、人机深度交互的新时代。

作为通用技术，5G 将全面构建经济社会中各行各业数字化转型的关键技术设施，推动传统领域数字化、网络化和智能化升级，成为下一个万亿规模的战略新兴产业和经济增长新动力，创造大量就业机会。目前正处于 5G 技术标准形成和产业化培育的关键时期，各国均把 5G 作为优先发展领域，强化产业布局，塑造竞争优势。

我国已进入信息化时代，需进一步加快 5G 的发展，一方面有利于加快我国培育新技术新产业；另一方面也有利于拓展经济发展空间，提升未来国际竞争优势。5G 的建设将引领国家数字化转型，为大众创业、万众创新提供坚实支撑，助推制造强国、网络强国建设。

1.1　5G 发展与应用

从 20 世纪 90 年代 2G 网络的发展开始，移动通信呈现迅速发展态势，给各行各业和人们的生活带来翻天覆地的变化，为国民经济发展和经济转型提供动力。从 2G 传统语音业务到 3G 移动互联网应用，从 4G 改变生活到 5G 改变社会，移动通信发展正悄然改变我们的社会、经济和文化，如图 1-1 所示。

截至 2019 年 6 月，我国已有基站 618.7 万个，其中 4G 基站 336.9 万个。移动通信的快速发展将有利于打造相关产业的通信服务供给，创新商业模式和业态，有力促进产业融合创新和产业生态圈的繁荣发展。

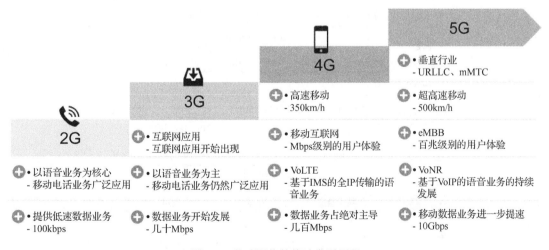

图 1-1　移动通信的快速发展历程

1.1.1 5G 产业化进程

移动通信每十年出现新一代技术,通过关键技术的引入实现频谱效率和容量的成倍提升,推动新的业务类型不断涌现。移动通信从模拟通信到数字通信,从仅支持语音业务到数据业务、移动互联网业务、物联网业务逐步深入发展。

1. 国际产业化进程

ITU(国际电信联盟)从 2017 年下半年开始启动 5G 技术方案征集,2020 年将完成 5G 标准制定。国际标准组织 3GPP(第三代合作伙伴计划)在 2018 年 6 月形成了第一版 5G Rel-15 标准(确定 eMBB 技术标准),下一步将完成第二版 Rel-16 标准(确定 URLLC 和 mMTC 标准),届时将完成满足 ITU 要求的 5G 标准完整版本,如图 1-2 所示。

图 1-2 5G 标准制定历程

商用进程方面,2019 年全球 20 多家运营商宣布将推出 5G 应用,包括美国、欧盟、日本、韩国等国家和地区的运营商。自 2019 年 4 月以来,全球 5G 商用正在加速进行,韩国、瑞士、英国、芬兰、意大利、西班牙、卡塔尔、科威特、沙特、菲律宾等国家的运营商先后宣布商用 5G,主要运营商商用进程如图 1-3 所示。

图 1-3 主要运营商商用进程

美国运营商 Verizon 于 2016 年 7 月发布了主要针对固定宽带无线接入应用场景的 5G 企业标准，对正在开展研究的 5G 国际标准产生了一定的影响。2018 年 10 月，Verizon 在几个城市推出了 Verizon Home 5G 服务，并宣布 5G 移动网络将于 2019 年投入使用，到 2019 年底将有 30 个城市接入 5G 服务。运营商 AT&T 于 2018 年开始部署 5G，于 2018 年 12 月 21 日正式宣布 5G 商用，在美国 12 个城市开启 5G 无线服务。第三大运营商 Sprint，于 2019 年初推出 5G 网络，并将在 2020 年实现全国覆盖。

2016 年 9 月，欧盟公布的 5G 行动计划（5G for Europe: An Action Plan）提出 2017 年底之前制定出完整的 5G 部署路线图，2018 年开始预商用测试，2020 年底前，每个成员国确定至少一个提供 5G 服务的城市，2025 年各成员国在主要陆地交通道路实现 5G 覆盖。此外，欧盟将行业应用作为推动 5G 的重要抓手，提出 5G 网络架构应具备为汽车、能源、食品、农业、医疗、教育等垂直行业提供定制化专网组网服务的能力，可高效率、低成本地提供各类新兴业态服务。2019 年 4 月 17 日，瑞士最大的电信运营商瑞士电信（Swisscom）宣布推出 5G 商用网络，这是欧洲首个大规模商用 5G 网络。

英国最大的移动运营商 EE 宣布 2019 年推出 5G 服务，先从伦敦等地开始，到 2020 年覆盖数百个英国城市。

韩国已于 2018 年 2 月平昌冬奥会期间主要基于 28GHz 频段展示了 5G 服务，SK 电讯、KT 等运营商均推出了相关具体计划。韩国于 2018 年 6 月完成了 5G 网络的 3.5GHz、28GHz 频段拍卖。2018 年底，韩国宣布全球第一张 5G 商用网络开始运营。

2. 国内产业化进程

2013 年 2 月，我国由科技部、工信部和发改委主导成立了 IMT-2020（5G）推进组，以全面推进 5G 研发、国际合作和融合创新发展。2017 年，IMT-2020（5G）推进组顺利推进了第二阶段 5G 技术研发试验，启动第三阶段试验。华为、中兴、大唐和诺基亚贝尔等通信设备企业及电信运营商积极开展 5G 技术及产品测试，力争 2020 年实现商用。2017 年工信部对 3000～5000MHz 频段内 5G 通信系统频率进行划分，2018 年 12 月进一步对三大运营商（中国移动、中国电信、中国联通）5G 商用频段进行明确划分。2018 年开始，三大运营商陆续在全国十几个大城市开展 5G 试验网。

2019 年 6 月 6 日，工信部给中国移动、中国电信、中国联通、中国广电正式颁发了 5G 商用牌照，标志着我国正式进入了 5G 商用的元年。

（1）2015 年：5G 元年

2015 年 6 月：国际电信联盟正式将 5G 命名为 IMT-2020，明确 5G 服务场景和技术指标。

（2）2016 年：公布 5G 时间表

2016 年 1 月：5G 技术研发试验全面启动。

2016 年 11 月：工信部、IMT-2020（5G）推进组公布 5G 网络时间表。

（3）2017 年：推进 5G 技术研发试验

2017 年 6 月：全国首个 5G 基站在广州大学城建成。

2017 年 11 月：工信部确定 5G 中频频谱，正式启动 5G 技术研发试验第三阶段工作。

2017 年 12 月：发改委通知要求 2018 年将在不少于 5 个城市开展 5G 规模组网试点。

（4）2018 年：运营商在全国开展试点

2018 年 4 月：国内第一个 5G 电话在广州打通。

2018 年 9 月：5G 技术研发试验的第三阶段测试 NSA 组网测试全部完成。

2018 年 12 月：工信部向三大运营商发布全国范围 5G 中低频段试验频率使用许可，运营商正式开启 5G 预商用，中国移动正式启动 5G 规模试验和应用示范。

（5）2019 年：5G 应用陆续落地

2019 年 1 月：央视春晚首次实现主会场与分会场的"5G+4K"超高清转播；广州白云机场正式开通全国首个 5G 信号覆盖机场网络。

2019 年 2 月：中国联通首批 5G 智能手机测试机正式交付。

2019 年 4 月：广东工信厅明确提出，在珠三角城市启动 5G 网络部署，将粤港澳大湾区打造为万亿级 5G 产业聚集区；广东成立 5G 产业联盟。

2019 年 6 月：工信部正式向中国移动、中国电信、中国联通、中国广电颁发 5G 商用牌照，工信部和国资委联合下发了《关于 2019 年推进电信基础设施共建共享的实施意见》。

2019 年第四季度：5G 手机、号码、相关套餐等向市场推出。

2019 年，三大运营商先后发布了 5G 品牌 LOGO，如图 1-4 所示。

中国移动 LOGO　　　　中国联通 LOGO　　　　中国电信 LOGO

图 1-4　三大运营商 5G 品牌 LOGO

1.1.2　5G 应用场景

ITU 为 5G 定义了 eMBB、mMTC、URLLC 三大应用场景，5G 在峰值速率、流量密度、频谱效率等各项关键指标上均有大幅度的改善。面向 2020 年及未来，移动互联网和物联网将成为移动通信发展的主要驱动力，5G 将满足人们在居住、工作、休闲和交通等各种领域的多样化业务需求，即便在密集住宅区、办公室、体育场、露天集会、地铁、快速路、高铁和广域覆盖等具有超高流量密度、超高连接数密度、超高移动性特征的场景，也可以为用户提供超高清的视频、虚拟现实、增强现实、云桌面、在线游戏等业务体验。

与此同时，5G 还将渗透到物联网及各种行业领域，与工业设施、医疗仪器、交通工具等深度融合，有效满足工业、医疗、交通等垂直行业的多样化业务需求，实现真正的万物互联，且每个细分行业应用都具有千亿美元级别以上的市场空间。据 HIS 公司预测，到 2035 年，全球 5G 价值链将创造 3.5 万亿美元产出，提供 2200 万个工作岗位，支持全球 GDP 长期可持续增长。据中国信息通信研究院测算，到 2030 年，中国 5G 价值链将创造 6.3 万亿元产出，贡献就业机会 1000 万个。

5G 将增强移动通信产业对国民经济发展的效用。通过发挥 5G 在万物互联方面的能力，将推动 5G 在物联网、车联网等行业应用上的融合创新。通过加强基础电信运营企业和行业用户在 5G 领域的协作，积极探索发展新产业、新优势，将全面提高创新供给能力，促进新动能更快发展、新产业更快成长、传统产业更快改造提升、新旧动能加快接续转换。

5G 的三大典型应用场景包括增强移动宽带场景（eMBB）、高可靠低时延通信场景（URLLC）、海量机器类通信场景（mMTC）。其应用场景如图 1-5 所示。

eMBB 典型应用包括超高清视频、虚拟现实、增强现实等。这类场景首先对带宽要求极高，关键的性能指标包括 100Mbps 用户体验速率（热点场景可达 1Gbps）、数十 Gbps 峰值速率、每平方千米数十 Tbps 的流量密度、500km/h 以上的移动速度等。其次，涉及交互类操作的应用还对时延敏感，如虚拟现实沉浸体验对时延要求为 10ms 级。

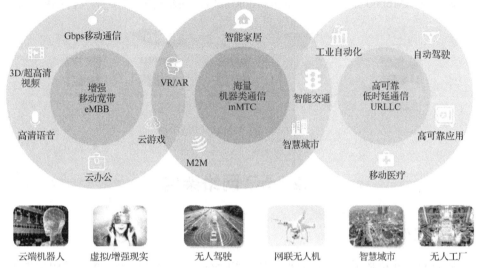

图 1-5　5G 三大典型应用场景

URLLC 典型应用包括工业自动化、移动医疗、自动驾驶等。这类场景聚焦对时延极其敏感的业务，高可靠性也是其基本要求。自动驾驶实时监测等要求 ms 级的时延，汽车生产、工业机器设备加工制造的时延要求为 10ms 级，可靠性要求接近 100%。

mMTC 典型应用包括智慧城市、智能家居等。这类应用对连接密度要求较高，同时呈现出行业多样性和差异化。智慧城市中的抄表应用要求终端成本低、功耗低，网络支持海量连接的小数据包；视频监控不仅要求部署密度高，还要求终端和网络支持速率高；智能家居业务对时延要求相对不敏感，但终端可能需要适应高温、低温、振动、高速旋转等不同家具、电器的工作环境的变化。

如图 1-6 所示为某风景区 360 度全景 VR 直播业务演示方案。全景摄像头可架设在风景区、展馆或赛事活动现场，有 5G 网络覆盖。摄像头采集到的数据通过 5G 通信模块传送至附近 5G 基站，然后通过基站传送至核心机房，最终传递至演示区。演示区通过大屏显示或 VR 一体机观看全景直播、全景视频。

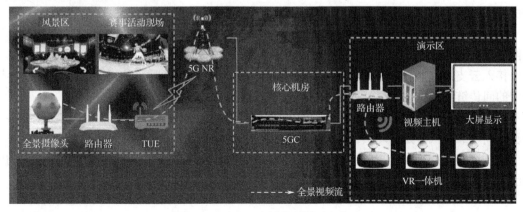

图 1-6　5G VR 直播业务演示方案

1.1.3　5G 终端芯片发展

目前主流芯片厂商均已推出 5G 终端，包括华为海思麒麟芯片 980 系列、高通骁龙 X50 系列、Intel 的 XMM8060 系列、三星的 Exynos 系列、联发科的 M70 系列，如图 1-7 所示。

图 1-7　5G 主流芯片厂家

1.2　5G 网络架构

1.2.1　5G 网络架构演变

为了使组网方式更加灵活，适合组网场景和 5G 需求的多样化，网络架构发生了一系列变更，如图 1-8 所示。

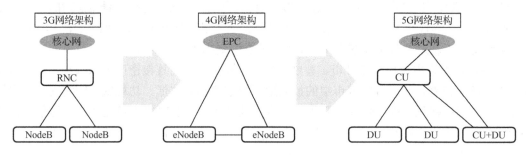

图 1-8　网络架构的变迁

5G 网络架构与 4G 网络架构存在较大区别，如图 1-9 所示。核心网拆分为控制面和用户面，其中用户面部分功能下沉至无线侧，增加了边缘计算平台；BBU 拆分成 CU 和 DU 两个逻辑单元，包括了分离式（CU 和 DU 拆分）和非分离式（CU 和 DU 合设）两种架构，AAU 集成了原 BBU 部分物理层功能。

5G 网络架构主要组成：灵活的接入云、高效的处理云、智能的控制云、开放的能力层，如图 1-10 所示。

接入云支持多种无线制式的接入，融合集中式和分布式两种无线接入网架构，适应各种类型的回传链路，实现更灵活的组网部署和更高效的无线资源管理。

处理云基于通用的硬件平台，在控制云高效的网络控制和资源调度下，实现海量业务数据流的高可靠、低时延、均负载高效传输。

控制云实现局部和全局的会话控制、移动性管理和服务质量保证，并构建面向业务的网络能力开放接口，从而满足业务的差异化需求并提升业务的部署效率。

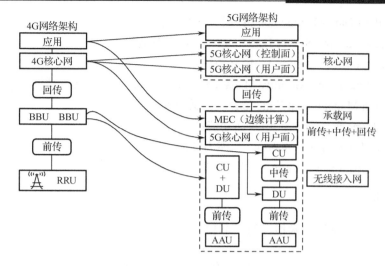

图 1-9　4G 和 5G 网络架构对比

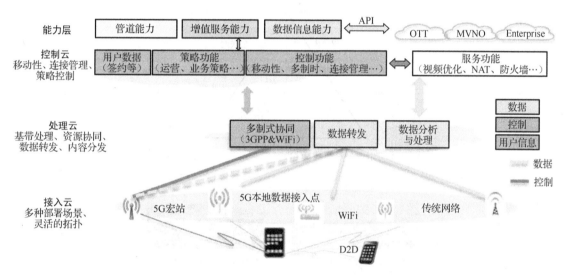

图 1-10　5G 网络架构

5G 网络引入服务化功能设计，实现网络功能的灵活定制和组合；核心网通过控制和转发理念，简化用户面，实现高效转发；接入网通过 CU/DU 分离，实现无线资源的集中控制和协作，其网络物理结构单元组成如图 1-11 所示。

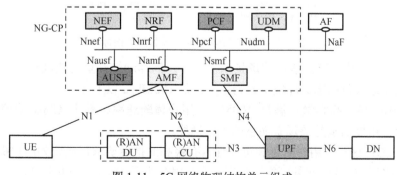

图 1-11　5G 网络物理结构单元组成

UDM（Unified Data Management）：统一数据库；

AUSF（Authentication Server Function）：认证服务器功能；

PCF（Policy Control Function）：策略控制功能；

AMF（Core Access and Mobility Management Function）：接入及移动性管理；

SMF（Session Management Function）：会话管理；

UPF（User Plane Function）：用户面功能；

NEF（Network Exposure Function）：能力开放；

NRF（NF Repository Function）：功能注册。

1.2.2　5G 技术指标

5G 三个典型应用场景技术指标如图 1-12 所示。

图 1-12　5G 三个典型应用场景技术指标

（1）eMBB—连续广域覆盖：该场景以保证用户的移动性和业务连续性为目标，主要挑战在于要随时随地（包括恶劣环境下）为用户提供 100Mbps 以上速率。

（2）eMBB—热点高容量：满足 100Mbps 用户体验速率、数十 Gbps 峰值速率和数十 Tbps/km^2 的流量密度需求是该场景面临的主要挑战。

（3）URLLC：这类应用对时延和可靠性具有极高的指标要求，需要为用户提供 ms 级的端到端时延和接近 100% 的业务可靠性保证（空口时延大于 1ms，端到端 10ms）。

（4）mMTC：该场景不仅要求网络具备超千亿连接的支持能力，满足 100 万个/km² 连接数密度指标要求，而且还要保证终端的超低功耗和超低成本。

5G 网络技术主要分为三类：无线网、传输网、核心网。为达到这些技术指标，需采用一系列解决方案，如控制面与用户面分离、自组织网络、新空口技术、D2D 通信等，如图 1-13 所示。

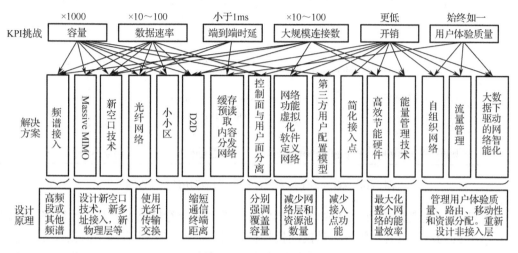

图 1-13　5G 潜在解决方案

1.3　5G 无线网关键技术

移动通信网络容量始终遵循香农公式（见式 1-1），5G 也不例外。5G 无线技术主要采用大带宽、大规模天线、波束赋形、抗干扰等技术提升网络能力。

$$R = \sum_{cells} nB \log\left(1 + \frac{S}{1+N}\right) \tag{1-1}$$

其中，R 代表网络速率，n 代表天线阵子数，4G 中最多 8T8R MIMO 天线，5G 中采用 64T64R 空分复用 MIMO 天线。

B 代表带宽，4G 最大采用 20MHz 带宽，5G 将采用 100MHz 带宽。

S 代表信号强度，4G 采用天线辐射，5G 采用波束赋形，其信号能量更集中，覆盖更强。

N 代表噪声强度，4G 采用 Turbo 码抗干扰，5G 采用 LDPC+Polar 编码来减少信道干扰。

如图 1-14 所示为 4G 至 5G 技术发展过程中所经历的技术演进。接入方式、双工方式、调制方式、时延控制等方面都逐步增强。

1.3.1　帧结构

LTE 使用 OFDM（正交频分复用）调制技术。经过一番挑选和权衡，5G NR（新空口）最终判定，OFDM 依然是最适合它的调制技术。OFDM 能够很好地抵御时间色散（即由于多径传播信号的不同路径的时延差别造成的符号间干扰）对通信质量的影响。OFDM 能够用简便的方法实现对时域资源和频域资源的充分利用，这些都是 OFDM 能够战胜其他厂家提出的 FBMC、GFDM、UFMC 等对手的重要原因。

类型	细类	4G	4.5G	5G
容量	接入技术	OFDMA	SOMA（半正交频分多址）	GMFDM（通用多载波频分多址）
	双工方式	半双工	半双工	全双工（同时同频收发）
	调制	64QAM	256QAM	256QAM
	带宽	20MHz	20MHz	100MHz及以上（高频段）
	CA	4CC	U-LTE Massive CA：8CC及其以上，包括T+F CA	Massive CA
	MIMO	2×2MIMO、4×4MIMO	Massive MIMO：8T8R及以上	Massive MIMO：64T64R及以上
时延	降低时延	1ms TTI	Shorter TTI（0.5ms）	0.1ms TTI
连接数	更多连接数	固定15kHz子载波	Narrow Band-M2M（LTE-M）D2D（LTE-D）	可变带宽子载波
架构	网络架构	扁平化IP化网络架构	Cloud EPC	NFV、SDN

图 1-14　4G 至 5G 技术发展过程中所经历的技术演进

　　和 LTE 在上行链路使用 DFT-S-OFDM 不同，5G NR 上行链路使用与下行链路一样的常规 OFDM，因为对于具有空间复用功能的接收机来说，常规 OFDM 有利于简化设计，而且可以统一上、下行链路的传输机制。DFT-S-OFDM 仍然保留作为 5G NR 上行链路的辅助调制方式，因为在有些场景下，需要用到它峰均比低、功率放大效率高的优势。

　　相对于 4G 帧结构，5G 帧结构在原有基础上仍有所修改，其帧结构由固定结构和灵活结构两部分组成（4G 为固定结构）。5G NR 定义了灵活的子构架，其时隙和字符长度可根据子载波间隔灵活定义。

　　LTE 与 NR 帧结构对比如表 1-1 所示。NR 1 个无线帧为 10ms，分成 10 个子帧，每个子帧时长为 1ms；每个子帧包含 1 个时隙（若子载波间隔变化，1 个子帧中的 slot（时隙）个数进行相应调整），每个时隙含 14 个符号。NR 的系统带宽利用率最高可达 97%（LTE 为 90%），增加了频谱利用价值。

表 1-1　LTE 与 NR 帧结构对比

	无线帧的时长	子 帧 数	每个子帧的时长	每个子帧中的时隙数	每个时隙中的符号数
LTE	10ms	20 个子帧	0.5ms	2 个时隙	7 个符号
NR—15kHz	10ms	10 个子帧	1ms	1 个时隙	14 个符号

　　5G 还定义了一种新子时隙构架，叫作 mini-slot。mini-slot 主要用于 URLLC 应用场景。mini-slot 由两个或多个符号组成，第一个符号包含控制信息。低时延的 HARQ 可配置于 mini-slot 上，mini-slot 也可用于快速灵活的服务调度，目前仅一些 5G 终端支持 mini-slot，如图 1-15 所示。

　　如图 1-16 所示，不同的子载波间隔可实现长度可伸缩的 slot/mini-slot，一个 slot 由 14 个 OFDM 符号组成，可采用自包含一体化结构，数据传输和其对应的确认信息都包含在同一个 slot 中，以达到降低时延的目的。一个 mini-slot 至少可由 2、4、7 个 OFDM 符号组成。可扩展的 OFDM 参数集支持 15～240kHz 的子载波间隔。较大的子载波间隔可以降低高频部署多普勒频移的影响，也可满足 URLLC 极短的 symbol 长度和 TTI 长度要求。较小的子载波间隔可以满足 mMTC 海量连接数和同时连接数的要求，在相同发射功率下覆盖能力也更具优势。子载波间隔为 240kHz 的参数集只能用于同步信道（PSS、SSS 和 PBCH），不能用于数据信道（PDSCH、PUSCH 等）；子载波间隔为 60kHz 的参数集只能用于数据信道 PDSCH、PUSCH 等，不能用于同步信道；其他的参数集既能够用于数据信道，也能够用于同步信道。

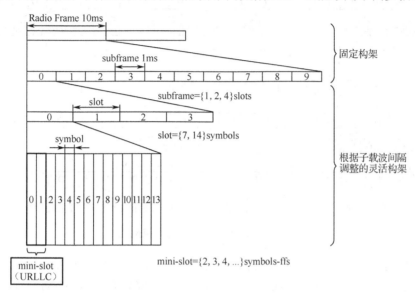

图 1-15　NR 帧结构

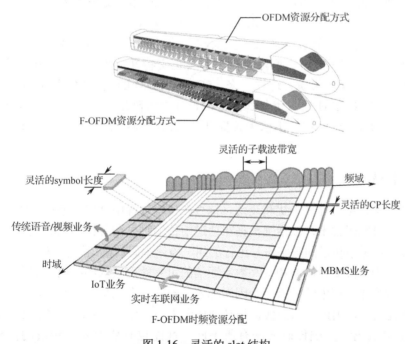

图 1-16　灵活的 slot 结构

目前帧的上、下行时隙配比有如图 1-17 所示 5 种形式，运营商普遍采用 Option 2，即上、下行时隙比为 3∶7。中国移动 URLLC 采用间隙比 DL（下行时隙）∶GP（特殊时隙）∶UL（上行时隙）=19∶2∶7。

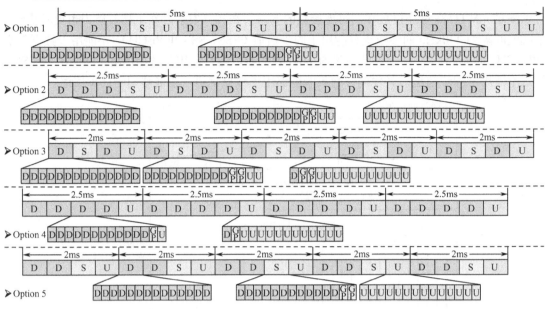

图 1-17　NR 帧的上、下行时隙配比

OFDM 将高速率数据通过串/并转换调制到相互正交的子载波上去，并引入循环前缀，较好地解决了令人头疼的码间串扰问题，在 4G 时代大放异彩，但 4G 的 OFDM 的时频资源分配方式在频域子载波带宽上是固定的 15kHz，而 5G 采用灵活的 OFDM 子载波带宽，为不同业务提供不同的子载波间隔，以满足不同业务的时频资源需求。设计大的子载波间隔的目的是支持时延敏感型业务（URLLC）、小面积覆盖场景和高载频场景，而设计小的子载波间隔的目的是支持低载频场景、大面积覆盖场景、窄带宽设备和增强型广播/多播业务。此时不同带宽的子载波之间本身不再具备正交特性，需要引入保护带宽，如 4G 的 OFDM 就需要 10%的保护带宽，这样一来，5G 的 OFDM 的灵活性是保证了，频谱利用率会不会降低？5G 的 OFDM 通过优化滤波器的设计大大降低了带外泄漏，不同子带之间的保护带开销可以降至 1%左右，不仅大大提升了频谱的利用效率，也为将来利用碎片化的频谱提供了可能。

1.3.2　信道编码

在移动通信中，由于存在干扰和衰落，信号在传输过程中会出现差错，所以需要对数字信号采用纠、检错编码技术，以增强数据在信道中传输时抵御各种干扰的能力，提高系统的可靠性。对要在信道中传送的数字信号进行的纠、检错编码就是信道编码。

信道编码是为了降低误码率和提高数字通信的可靠性而采取的编码。信道编码之所以能够检出和校正接收比特流中的差错，是因为加入了一些冗余比特，把几个比特上携带的信息扩散到更多的比特上。为此付出的代价是必须传送比该信息所需要的更多的比特。

不同的信道编码，其编译码方法有所不同，性能也有所差异。传统的信号编码有汉明码、BCH 码、RS 码、Turbo 码和卷积码。目前 LTE 业务信道采用 Turbo 码，控制信道采用卷积码。

5G NR 采用了全新的信道编码方式，即数据信道用的中长短码均采用 LDPC 编码，控制信道和广播信道用 Polar 编码。这一改进可以提高 5G NR 信道编码效率，适应 5G 大数据量、高可靠性和低时延的传输需求。

　　LDPC 码是美国人 Robert Gallager 发明的，是一种校验矩阵密度（"1"的数量）非常低的分组码，核心思想是用一个稀疏的向量空间把信息分散到整个码字中。普通的分组码校验矩阵密度大，采用最大似然法在译码器中解码时，错误信息会在局部的校验节点之间反复迭代并被加强，造成译码性能下降。反之，LDPC 的校验矩阵非常稀疏，错误信息会在译码器的迭代中被分散到整个译码器中，正确解码的可能性会相应提高。简单来说，普通的分组码的缺点是错误集中并被扩散，而 LDPC 的优点是错误分散并被纠正。

　　Polar 码（极化码）是土耳其人 Erdal Arikan 发明的。信道极化，就是信道出现了两极分化，是指针对一组独立的二进制对称输入离散无记忆信道，可以采用编码的方法，使各个子信道呈现出不同的可靠性，当码长持续增加时，一部分信道将趋向于完美信道（无误码），而另一部分信道则趋向于纯噪声信道。在译码侧，极化后的信道可用简单的逐次干扰抵消译码的方法，以较低的实现复杂度获得与最大似然译码相近的性能。Polar 码作为目前唯一可在理论上达到香农极限，并且具有实用的线性复杂度编译码能力的信道编码技术，在未来移动通信当中将具有很大的应用潜力。

　　华为在中国 IMT-2020(5G)推进组 5G 第一阶段外场的信道编码实际测试中，测试了 Polar 码在静止和移动场景下的性能，通过极化编码的使用和译码算法的动态选择，同时实现了短包场景（大连接物联网场景）和长包场景（高速移动场景，如自动驾驶等低时延要求）中的稳定的性能增益，使现有的蜂窝网络的频谱效率有近 10%的提升，还与毫米波结合达到 27Gbps 的速率，实测结果证明 Polar 码可以同时满足 ITU 的超高速率、低时延、大连接的移动互联网和物联网类应用场景。

1.3.3　新型波形

　　波形是无线通信物理层最基础的技术。OFDM 作为 4G 的基础波形，有较高的频谱利用率，特别是在对抗多径衰落、低实现复杂度等方面有优势。但也有一些不足，如符号间的相互干扰和载波间的干扰，需要插入循环前缀（CP），导致降低了频谱效率和能量效率等。OFDM 工作原理如图 1-18 所示。

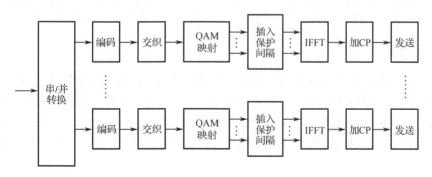

图 1-18　OFDM 工作原理

　　5G 需要支持物联网业务，而物联网将带来海量的连接，需要低成本的信号解决方案，而且不需要严格的同步。OFDM 增加了符号间隔及子载波之间的干扰，导致性能下降，因此 5G 需要寻求新的多载波波形调制技术。

　　5G NR 下行采用的是 F-OFDM。相比 OFDM，F-OFDM 的发射机在每个 CP-OFDM 头部

增加了子带滤波器，不需要对现有的 CP-OFDM 系统进行任何修改，在每个子带上分别滤波，如图 1-19 所示。F-OFDM 技术通过优化滤波器、数字预失真（Digital Pre-Distortion，DPD）、射频等通道处理，让基站在保证相邻频道泄漏比（Adjacent Channel Leakage Ratio，ACLR）、阻塞等射频协议指标时，可有效提高系统带宽的频谱利用率及峰值吞吐量。

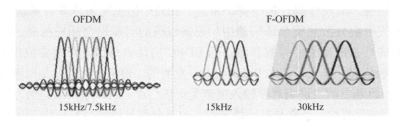

图 1-19　F-OFDM 波形

F-OFDM 的特点有：

● 每个子带上都有独立的子载波间隔、CP 长度和 TTI 配置；

● 在临近的子带自建有很小的保护带开销；

● F-OFDM 的接收机，相比 OFDM，在收发两端均增加了子带滤波器。

OFDM 优化了滤波器的设计，节约 10% 的保护带宽，如图 1-20 所示。因此 F-OFDM 在频域和时域上已经没有复用空间，只能考虑在码域上和空域上进一步复用。

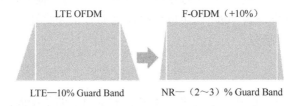

图 1-20　F-OFDM 节约保护带宽

与 LTE 上行仅采用 DFT-S-OFDM 波形不同，5G NR 上行同时采用了 CP-OFDM 和 DFT-S-OFDM 两种波形，可根据信道状态自适应转换。CP-OFDM 是一种多载波传输技术，在调度上更加灵活，在高信噪比环境下链路性能较好，可适用于小区中心用户。

1.3.4　双工方式

2G/3G/4G 均有两种双工方式，即 TDD 和 FDD。FDD 系统的接收和发送采用不同的频带，而 TDD 系统在同一频带上使用不同的时间进行接收和发送。FDD 和 TDD 两种双工方式各有特点，FDD 在高速移动场景、广域连续组网和上下行干扰控制方面具有优势，而 TDD 在非对称数据应用、突发数据传输、频率资源配置及信道互易特性对新技术的支持等方面具有天然的优势。

由于 5G 网络支持的业务差异性很大，且 5G 网络引入大规模天线、高频段和频谱共享等技术特性，TDD 方式表现出更多的优势，将在 5G 网络中发挥重要而独特的作用，因此 5G NR 主要采用 TDD 双工方式。图 1-21 给出了 5G 网络中 TDD 的一些优势特性。中国移动 4G 主要采用 TDD 制式，因此更有利于快速过渡到 5G。

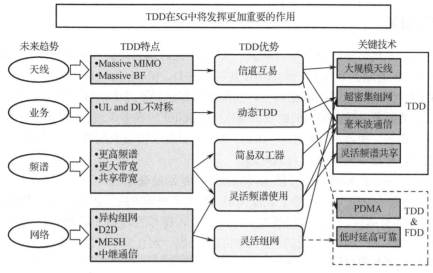

图 1-21　5G 网络中 TDD 的一些优势特性

1.3.5　参考信号

移动网络在不需要接收用户的数据或者向用户发送数据时，也会周期性地推送一些特殊信号。这些特殊信号包括参考信号（RS）、同步信号和系统广播消息。

LTE 网络非常依赖小区参考信号（cell-specific reference signals，CS-RS）。基站一直定期推送 CS-RS，终端用 CS-RS 估测信道质量，或者作为是否从一个基站切换到另一个基站的判断依据。

NR 空口舍弃了 LTE 的小区参考信号 CS-RS。NR 使用了 4 个主要的参考信号：解调参考信号（demodulation reference signals，DMRS），相位追踪参考信号（phase tracking reference signals，PTRS），测量参考信号（sounding reference signals，SRS）和信道状态信息参考信号（channel state information reference signals，CSI-RS）。这些参考信号只有在需要传输用户数据时才开始传输，有利于降低基站的能耗和组网干扰，并利于前向兼容性设计。

1.3.6　调制方式

5G 兼容 LTE 调制方式，同时引入比 LTE 更高阶的调制技术，进一步提升频谱效率（1024QAM 主要用于毫米波通信方面），LTE 与 NR 调制方式对比如图 1-22 所示。

	LTE	NR
上行	QPSK 16QAM 64QAM	QPSK 16QAM 64QAM 256QAM
下行	QPSK 16QAM 64QAM 256QAM	QPSK 16QAM 64QAM 256QAM ~~1024QAM~~

图 1-22　LTE 与 NR 调制方式对比

1.3.7　超低时延

为了满足新一代移动通信业务的需求，5G 系统的时延必须比 4G 小得多。URLLC 业务要求 DL 和 UL 的时延为 0.5ms，而 eMBB 业务要求 DL 和 UL 的时延为 4ms。

在 4G LTE 的 1ms 子帧的帧结构下，实际的时延达到了几十毫秒，甚至上百毫秒，因此要降低时延，就要考虑减少子帧的时长。事实上，3GPP 的确考虑过为 5G 设计一种子帧时长非常短的帧结构——明显小于 LTE 的 1ms 子帧。如果将子帧减少到 0.5ms，加上其他的优化，或许就能比较容易地实现 1ms 左右的时延。

另外，由于下一代移动网络将使用高频频段，特别是毫米波，因此子载波的间隔一定会加大；否则，如果还使用 15kHz 的子载波间隔，那么多普勒效应等因素一定会造成频偏干扰。由于 OFDM 的固有属性，子载波间隔加大时，OFDM 符号的时长一定会缩小。这样，如果每个子帧中的 OFDM 符号数量不变的话，子帧的时长也一定会缩小。因此看起来，减少子帧的时长是一件顺理成章的事情。

但是，出人意料的是，5G NR 继续使用了 1ms 的子帧；为此付出的妥协是，不再坚持 1 个子帧中一定包含 14 个 OFDM 符号。当子载波间隔是 15kHz 时，1 个 5G NR 子帧仍然包含 14 个 OFDM 符号，与 4G LTE 一样（但是 1 个子帧中只有 1 个 slot，而不是 LTE 中的 2 个 slot）；当子载波间隔是 30kHz 时，1 个 5G NR 子帧里有 28 个 OFDM 符号（2 个 slot）；当子载波间隔是 60kHz 时，1 个 5G NR 子帧里有 56 个 OFDM 符号（4 个 slot）；当子载波间隔是 120kHz 时，1 个 5G NR 子帧里有 112 个 OFDM 符号（8 个 slot）；当子载波间隔是 240kHz 时，1 个 5G NR 子帧里有 224 个 OFDM 符号（16 个 slot）。

在这样的帧结构下，尽管子帧的时长仍然为 1ms，但是当选择较大的子载波间隔时，时隙（slot）的时长缩短，每个 OFDM 符号的时长也缩短。这样就能够达成减少时延的目标。

另外，5G NR 还引入了一种更有效率的机制来实现低时延，即允许一次传输 1 个时隙的一部分，也就是所谓的"迷你时隙"（mini-slot）传输机制。1 个 mini-slot 最短只有 1 个 OFDM 符号。这种传输机制还能用于改变数据传输队列的顺序，让 mini-slot 传输数据立刻插到已经存在的发送给某个终端的常规时隙传输数据的前面，以获得极低的时延。这种不需要拘泥于在每个时隙的开始之处开始数据传输的特性，在使用非授权频段的场景中是特别有用的。在非授权频段，发射机在发送数据前，需要确定无线信道没有被其他传输占用，即使用所谓的 LBT（listen-before-talk）策略。显然，一旦发现无线信道有空，就应该立刻开始传输数据，而不是等待这个时隙结束、下一个时隙开始。等到下一个时隙开始时，无线信道可能又被另一个传输占用了。

mini-slot 在使用毫米波载频的场景中也非常有用。由于毫米波载频的带宽很大，往往几个 OFDM 符号就足够传输完数据，不需要用到 1 个时隙的 14 个 OFDM 符号。mini-slot 特别适合与模拟式波束赋形一起使用，因为使用模拟式波束赋形时，传输到多个终端设备的不同波束无法在频域实现复用，只能在时域复用。

5G NR 还引入了很多其他策略减少时延。

（1）5G NR 能够将参考信号（RS）和控制信号前置在时隙的前部。由于可以在时隙的前部确定并解码参考信号和下行链路控制信号携带的调度信息，而且不需要在多个 OFDM 符号之间进行时间域的交织（interleaving），终端能够在接收到数据之后立刻开始解码，不需要事先进行缓存，因此大大减少了解码时延。数据传输是自包含（self-contained）的。一个 slot

或者一个 beam（波束）中的数据包都可以靠自己进行解码，不需要依靠别的 slot 或者别的 beam 的数据信息。

（2）5G 终端和网络处理各个流程的时间被大大收缩，比如终端必须在一个 slot 内（甚至更短时间内，如果终端有这个能力的话）完成下行链路数据的接收解码，反馈给 HARQ ACK 确认信息。在 TDD 网络中，UE（终端设备）一边接收 DL 数据，一边就开始着手解码；而在 GP 时间内，UE 能够准备好 HARQ ACK；一旦从 DL 传输切换到 UL 传输，就能够及时将 HARQ ACK 发送出去。另外，从网络收到终端发出的上行授权接收确认，到完成上行链路数据的发送，也必须在 1 个时隙内完成。5G NR 的时隙之间或者不同传输方向之间应避免静态的或者严格的时间同步关系。比如，5G NR 使用异步 HARQ，以取代 4G LTE 使用的同步 HARQ 所需要的预先固定的同步时间。

（3）上层协议，比如 MAC 层和 RLC 层，也在设计时考虑了降低系统的整体时延。MAC 和 RLC 的包头结构能够在不知道数据大小的情况下，完成数据处理。这个特点对于处理终端收到上行发送授权且只有几个 OFDM 符号的数据时，能够快速发起上行链路数据传送的场景特别有用。相反，LTE 协议需要 MAC 层和 RLC 层在处理数据前，确切地知道数据负荷的大小，这阻止了时延的降低。

（4）5G NR 通过动态 TDD、时长可变的数据传输（如为 URLLC 提供小时长的数据传输，而为 eMBB 提供大时长的数据传输）来降低时延。

另外 5G NR 支持快速的 HARQ ACK 确认，即数据解码与 DL 数据接收同时进行，而 UE 在上下行链路切换的保护时段（guard period）准备 HARQ ACK，一旦从下行链路切换到上行链路，就立刻发送 ACK。为了获得低时延，控制信号和参考信号被放在一个时隙（或者一个时隙组）的头部位置。

1.3.8 大规模天线技术

Massive MIMO（大规模天线技术，也称为 Large Scale MIMO）是在第五代移动通信中提高系统容量和频谱利用率的关键技术，最早由美国贝尔实验室研究人员提出。研究发现，当小区的基站天线数目趋于无穷大时，加性高斯白噪声和瑞利衰落等负面影响全都可以忽略不计，数据传输速率能得到极大提高。

传统的 MIMO 我们称之为 2D-MIMO，以 8 天线为例，实际信号在进行覆盖时，只能在水平方向移动，垂直方向是不动的，信号以类似一个平面形式发射出去，而 Massive MIMO 是在信号水平维度空间基础上引入垂直维度的空域进行利用的，信号的辐射状是电磁波束，其波束可能更窄，其指向的准确性直接影响网络覆盖性能，所以 Massive MIMO 又称为 3D-MIMO，如图 1-23 所示。

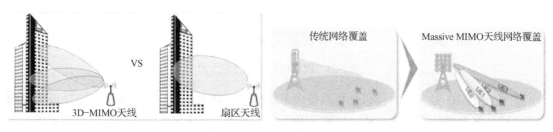

图 1-23 3D-MIMO 天线性能

利用 Massive MIMO 技术，在基站收发信机上使用大数量（如 64/128/256 等）的阵列天线实现了更大的无线数据流量和连接可靠性。相比于以前的单/双极化天线及 4/8 通道天线，大规模天线技术能够通过不同的维度（空域、时域、频域、极化域等）提升频谱和能量的利用效率；3D 赋形和信道预估技术可以自适应地调整各天线阵子的相位和功率，显著提高系统的波束指向准确性，将信号强度集中于特定指向区域和特定用户群，在增强用户信号的同时可以显著降低小区内自干扰、邻区干扰，提升用户信号载干比。Massive MIMO 技术可以通过增加天线数增加系统容量，并利用不同用户间信道的近似正交性降低用户间干扰，实现多用户空分复用。

5G 基站天线数及端口数将有大幅度增长，可支持配置上百根天线和数十个天线端口的大规模天线阵列，并通过 Massive MIMO 技术，支持更多用户的空间复用传输，数倍提升系统频谱效率，用于在用户密集的高容量场景提升用户性能。随着阵子数的增加，波束越来越窄，如图 1-24 所示。

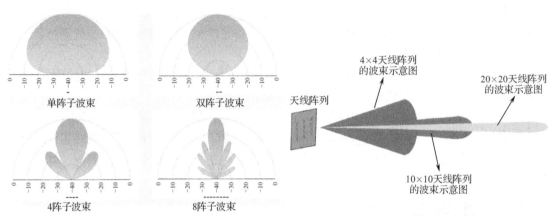

图 1-24　波束阵子

通过大规模天线阵列，基站可以在三维空间形成具有高空间分辨能力的高增益窄细波束，能够提供更灵活的空间复用能力，改善接收端接收的信号并更好地抑制用户间的干扰，从而实现更高的系统容量和频谱利用效率。通过调整相位，可以控制波束的指向，从而产生具有指向性的波束，以增强波束方向的信号，补偿无线传播损耗，获得赋形增益，赋形增益可用于提升小区覆盖，如广域覆盖、深度覆盖、高楼覆盖等，如图 1-25 所示。

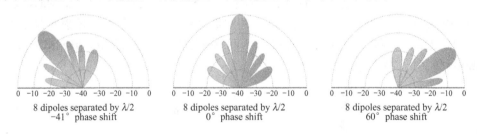

图 1-25　调整相位控制波束方向

在 3D-MIMO 技术下，可以分裂出指向不同楼层位置的波瓣，在减少了天面建设需求的同时，通过多个并行数据流传输，提高了频率利用效率。在密集的城市环境中对不同楼层的室内进行覆盖，降低对邻近小区的干扰，实现小区内多用户干扰协调。其系统容量可提升 10 倍，能量效率可提升上百倍，如图 1-26 所示。

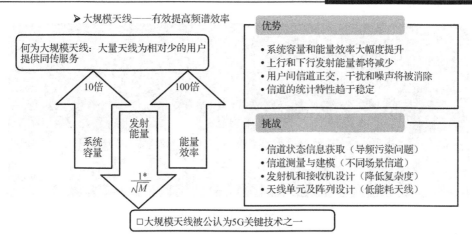

图 1-26 容量与效率的提升

大规模天线在提升性能的同时，设备成本、体积和重量相比传统的无源天线也有明显增加。大规模天线模块化后易于安装、部署、维护，能够降低运营成本，并且易于组成不同天线形态，用于不同应用场景。目前各厂家都已开发出具有 192/256 天线振子的设备，将在 5G 工程建设中广泛应用。

LTE 与 NR 各参数和性能对比如表 1-2 所示。

表 1-2　LTE 与 NR 各参数和性能对比

参　　数	5G NR	4G LTE
频段/Hz	2.6G/3.5G/4.9G	TDD：1.9G/2.3G/2.6G/3.5G FDD：900M/1.8G/2.1G/2.6G
双工方式	TDD	TDD/FDD
产品架构	BBU+AAU	BBU+RRU
载波带宽/MHz	100	1.4/3/5/10/15/20
子载波带宽/kHz	30	15
小区发射功率	200W	40W/60W/80W/120W
终端发射功率	SA：26dBm/NSA：23dBm	23dBm
基站侧天线配置	16T16R/32T32R/64T64R	2T2R/4T4R/8T8R
基站侧天线振子数	192	
基站侧天线单振元增益	16T16R：15dBi 64T64R：10dBi	
广播波束增益	20dBi（典型）	15～18dBi
终端侧天线配置	2T4R	1T2R
传播模型	UMA/Cost231-Hata	Cost231-Hata
组网方式	SA/NSA	SA

1.4　5G 传输网关键技术

5G 传输网包括前传和回传两部分。其核心网网关下沉，承载网 L3 亦下移，以减少时延，其结构如图 1-27 所示。

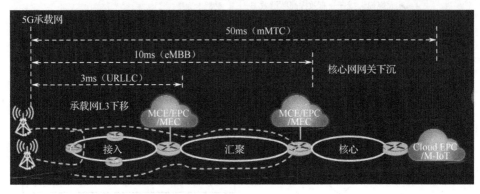

图 1-27 5G 承载网结构

1.4.1 前传技术

前传（Fronthaul）指 BBU 池连接拉远 RRU 部分。前传链路容量主要取决于无线空口速率和 MIMO 天线数量，4G 前传链路采用 CPRI（通用公共无线接口）协议，但由于 5G 无线速率大幅提升、MIMO 天线数量成倍增加，CPRI 无法满足 5G 时代的前传容量和时延需求，为此，国际标准化组织正在积极研究和制定新的前传技术方案，包括将一些处理能力从 BBU 下沉到 RRU 单元，以减小时延和前传容量等。

在光纤资源充足或 DU 分布式部署（D-RAN）的场景，5G 前传方案以光纤直连为主；当光纤资源不足、布放困难且 DU 集中部署（C-RAN）时，为降低总体成本、便于快速部署，可采用 WDM 技术承载方案。光纤直连方案应采用单纤双向（BiDi）技术，可节约 50%光纤资源并为高精度同步传输提供性能保障。

WDM 技术承载方案基本思路是采用 WDM 技术节约光纤资源，具体实现形态包括有源 OTN/WDM 承载方案、光纤直连方案、无源 CWDM 方案三种。（1）有源 OTN/WDM 承载方案将 AAU 和 DU 连接到 OTN/WDM 设备上，通过 M-OTN（移动承载优化的简化 OTN）开销实现维护管理，同时具备保护倒换能力；（2）光纤直连方案将 AAU 直接连至 DU 上，DU 再连至传输设备；（3）无源 CWDM 方案将彩光模块安装在无线侧 AAU 和 DU 设备上，通过外置的无源合/分波板卡或设备实现 WDM 功能，成本较低，但是维护管理功能弱。如图 1-28 和表 1-3 所示为不同前传方案的示意图和特点。

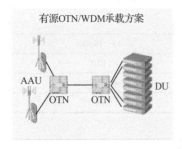
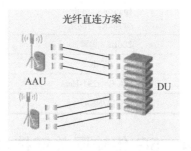
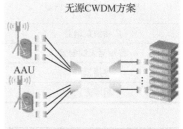

图 1-28 不同前传方案示意图

表 1-3　不同前传方案特点

	有源 OTN/WDM 承载	光纤直连方案	无源 CWDM
组网方式	环网、点到点网络	星形、点到点网络	点到点网络
优势	节省光纤，提供环网保护，支持综合承载，支持业务收敛	实现简单	纯无源技术，设备简单，节约光纤
劣势	成本相对较高	消耗大量光纤资源，仅适合部署于光纤资源丰富区域	运维定界不清晰、故障定位难、波长规划复杂

1.4.2　回传技术

回传（Backhaul）指无线接入网连接到核心网的部分，光纤是回传网络的理想选择，但在光纤难以部署或部署成本过高的环境下，无线回传是替代方案，比如点对点微波、毫米波回传等，此外，无线 MESH 网络也是 5G 回传的一个选项，在 Rel-16 里，5G 无线本身被设计为无线回传技术，即 IAB（5G NR 集成无线接入和回传）。

5G 回传主要考虑 IPRAN 和 OTN 两种承载方案，如图 1-29 所示。5G 初期业务量不太大，可以首先采用比较成熟的 IPRAN 方案，后续根据业务发展情况，在业务量大而集中的区域可以采用 OTN 方案。

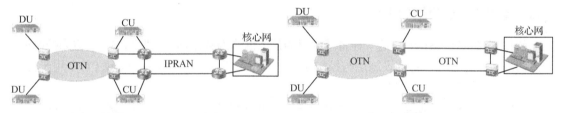

方案1 分组增强型OTN+IPRAN方案　　　　　　方案2 端到端分组增强型OTN方案

图 1-29　两种承载方案

IPRAN 方案沿用现有 4G 回传网络架构，支持完善的二、三层灵活组网功能，产业链成熟，具备跨厂家设备组网能力，可支持 4G/5G 业务统一承载，易于与现有承载网及业务网衔接。通过扩容或升级可满足 5G 承载需求。回传的接入层按需引入长距高速率接口（如25GE/50GE 等）；可考虑引入 FlexE 接口支持网络切片；为进一步简化控制协议、增强业务灵活调度能力，可选择引入 EVPN 和 SR 优化技术，基于 SDN 架构实现业务自动发放和灵活调整。在长距离传输场景下，可采用 OTN/WDM 网络为 IPRAN 设备提供波长级连接。

1.5　5G 核心网关键技术

1.5.1　网络功能虚拟化（NFV）

NFV，就是通过 IT 虚拟化技术将网络功能软件化，并运行于通用硬件设备之上，以替代传统专用网络硬件设备。NFV 将网络功能以虚拟机的形式运行于通用硬件设备或白盒之上，以实现配置灵活性、可扩展性和移动性，并希望以此降低网络 CAPEX 和 OPEX，如图 1-30所示。

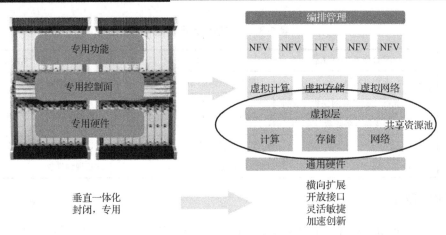

图 1-30　核心网的演变

NFV 要虚拟化的网络设备主要包括：交换机（如 Open vSwitch）、路由器、HLR（归属位置寄存器）、SGSN、GGSN、CGSN、RNC（无线网络控制器）、SGW（服务网关）、PGW（分组数据网络网关）、RGW（接入网关）、BRAS（宽带远程接入服务器）、CGNAT（运营商级网络地址转换器）、DPI（深度包检测）、PE 路由器、MME（移动管理实体）等。NFV 独立于 SDN，可单独使用或与 SDN 结合使用。

1.5.2　软件定义网络（SDN）

软件定义网络（SDN），是一种将基础设施层（也称为数据面）与控制层（也称为控制面）分离的网络设计方案。基础设施层与控制层通过标准接口连接，如 OpenFlow（首个用于互连数据面和控制面的开放协议）。

SDN 将网络控制面解耦至通用硬件设备上，并通过软件化集中控制网络资源。控制层通常由 SDN 控制器实现，基础设施层通常被认为是交换机，SDN 通过南向接口（如 OpenFlow）连接 SDN 控制器和交换机，通过北向接口连接 SDN 控制器和应用程序，如图 1-31 所示。

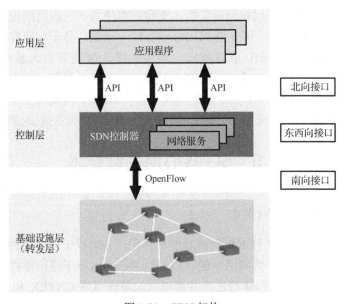

图 1-31　SDN 架构

SDN 可实现集中管理,提升了设计灵活性,还可引入开源工具,具备降低 CAPEX 和 OPEX 以及激发创新优势。

1.5.3　网络切片（Network Slicing）

5G 网络将面向不同的应用场景,如超高清视频、VR、大规模物联网、车联网等,不同的场景对网络的移动性、安全性、时延、可靠性,甚至计费方式的要求是不一样的,因此,需要将一张物理网络分成多个虚拟网络,每个虚拟网络面向不同的应用场景需求。虚拟网络间是逻辑独立的,互不影响,如图 1-32 所示。

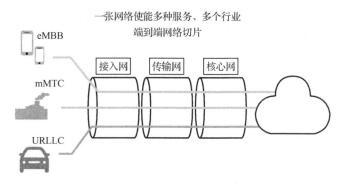

图 1-32　网络切片的应用

只有实现 NFV/SDN 之后,才能实现网络切片,不同的切片依靠 NFV 和 SDN 通过共享的物理/虚拟资源池来创建。网络切片还包含 MEC 资源和功能,如图 1-33 所示。

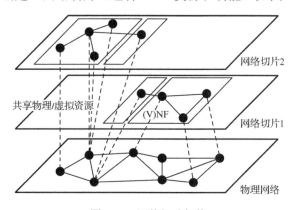

图 1-33　网络切片架构

1.5.4　多接入边缘计算（MEC）

多接入边缘计算（MEC）,就是位于网络边缘的、基于云的 IT 计算和存储环境。它使数据存储和计算能力部署于更靠近用户的边缘,从而降低了网络时延,可更好地提供低时延、高宽带应用,如图 1-34 所示。

MEC 可通过开放生态系统引入新应用,从而帮助运营商提供更丰富的增值服务,如数据分析、定位服务、AR 和数据缓存等。

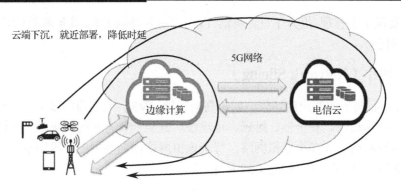

图 1-34　多接入边缘计算

 **实践窗口**

请复习 4G 无线知识，并与 5G 无线知识进行对比。

第2章 5G 无线基站设备

2.1 基站设备认知

基站由机房和天馈组成，主设备通过馈线连至 RRU，再连至天线。电源系统给各类设备提供直流或交流电。基站模拟效果图及简化结构图如图 2-1、图 2-2 所示。

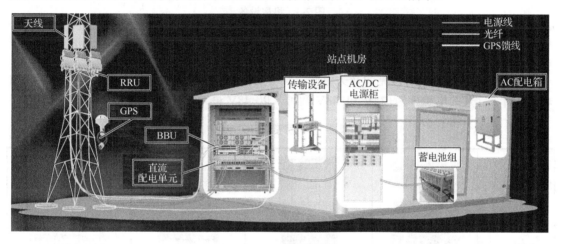

图 2-1 基站模拟效果图

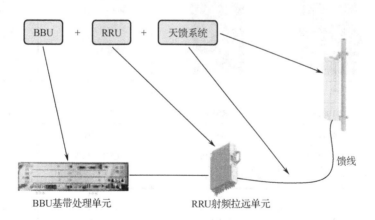

图 2-2 基站简化结构图

2.1.1 机房设备认知

机房设备主要包括开关电源（包含整流模块）、蓄电池组、AC 配电箱、主设备、监控设备、传输设备、DDF、地排、走线架、空调等。

机房类型包括租用机房、自建土建机房、自建简易机房、一体化柜等，如图 2-3 所示。为了快速建站及节省建设和运营成本，一体化柜较为普遍。

（a）一体化柜　　　　　　　　　　　（b）简易机房

图 2-3　机房设备

1. 开关电源

　　如表 2-1 所示为机房常见的开关电源，其中艾墨生和珠江电源最为常见，其各种参数如表 2-1 所示。开关电源分为+24V 和-48V 两种，以-48V 最为常见。

表 2-1　机房常见开关电源

DC 整体图片				
厂家	珠江		中达	艾默生
机架型号	PRS1002H	PRS1000	MCS3000H	PS48600-3B/2900
机架满配容量	1080A	840A	600A	600A
整流模块型号	SMPS1002H	SMPS1000	ESRH-48/50	R48-2900
整流模块容量	60A/24V	40A/24V（20A/48V）	50A/48V	50A/48V
每架模块×分架	6×3	7×3	3×4	6×2
蓄电池熔丝	630A×2	630A×2	400A×2	500A×2
直流配电单元	100A×（12～18）+32A×1+16A×1+10A×2		200A 熔丝，100A×（12～18）+20A×2	100A×5+63A×4+32A×5+20A×4
功率因数	0.995	0.995	0.99	0.98
转换效率	0.91	0.92	≥0.9	0.91
高×宽×深/mm³	2000×600×600	2038×600×400	2000×600×600	1600×600×400

满配质量/kg	213	211	230	140
备注	落地式	落地式	落地式	落地式

开关电源内含多个整流模块，主要型号包括：SMPS1002H、R48-2900、R48-2900U、ESRH-48/50 等。

开关电源中有多种空开端子，如 400A、200A、100A、63A。其中蓄电池接至两个 400A 空开端子上。BBU 主设备和传输设备可接 100A、63A。

如图 2-4 所示为整流模块和空开端子实物图。

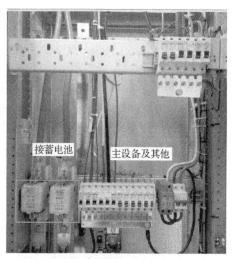

整流模块　　　　　　　　　　　　　空开端子

图 2-4　整流模块和空开端子

若机房中只有+24V 开关电源，可采用 DC-DC 电源系统来转换为-48V，常见 DC-DC 电源系统有中达电通 DCS13-24/48 150A，内含逆变模块，最多可以插 6 块，如图 2-5 所示。

图 2-5　常见 DC-DC 电源系统

2. 蓄电池

常见蓄电池品牌有华达、南都、双登、光宇等，安装方式可选择三层/四层卧式安装、双层立式安装等，分 A、B 两组排列，如图 2-6 所示。每个蓄电池均为 2V，串联成 24V/48V。电池容量有 200A · h、300A · h、500A · h、1000A · h，以 500A · h 最为常见。

室内蓄电池

一体化铁锂蓄电池

图 2-6　蓄电池

3. 主设备

爱立信 GSM 最经典的主设备有 RBS2202、RBS2206、RBS6201 等，如图 2-7、图 2-8 所示，从 20 世纪 90 年代一直服务至 2018 年才逐渐被替代，其工作稳定，但占地较大，功耗巨大，有兴趣的读者可以查阅相关书籍了解其运作机理。

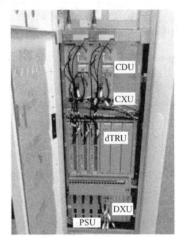

图 2-7　GSM900 主设备——RBS2206

图 2-8　GSM1800 主设备——RBS6201

从 3G 至 5G，BBU 均采用插入式，只有 1～2U（U 是一种表示服务器外部尺寸的量，1U=4.445cm）单元，占用空间小，耗电量小，如图 2-9 所示。

图 2-9　TD/LTE 主设备——中兴 B8300

4. 其他设备

其他设备如图 2-10～图 2-13 所示，其工作原理读者可自行查阅相关产品资料。

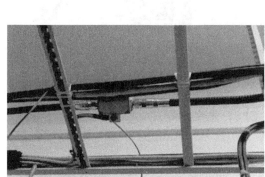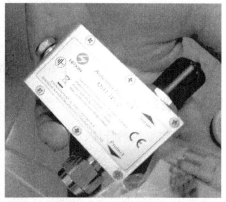

图 2-10　GPS 防雷器

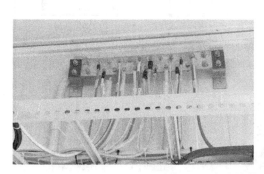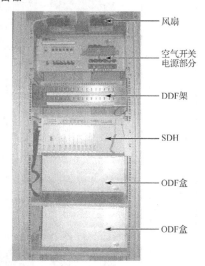

图 2-11　室内地排、传输设备

图 2-12　走线架、智能监控设备

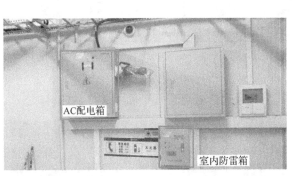

图 2-13　AC 配电箱和防雷箱、DDF

2.1.2　天馈设备认知

天馈设备主要包括杆体、天线、RRU、GPS、光交箱等。

1．杆体

杆体类型包括地面铁塔、楼面塔、通信杆等，如下所示。

楼面塔				
	楼面抱杆	楼面支撑杆	楼面增高架	楼面拉线塔
	美化方柱	美化空调	美化水罐	美化排气管

2. 天线

天线按通道数可分为 2 通道天线、4 通道天线、8 通道天线；按功能频段可分为 LTE-F 频天线、LTE-D 频天线、GSM 天线、TD 天线、DCS 天线、FA/D 天线、FAD 天线、GNF 天线、GSM/DCS/LTE 多频天线等。其中 LTE 多使用 8 通道天线，如图 2-14 所示。

图 2-14　LTE 天线和 GSM 天线

3. RRU

RRU 按通道数可分为 2 通道 RRU、4 通道 RRU、8 通道 RRU，如图 2-15 所示。

4. 其他设备

其他设备如图 2-16～图 2-18 所示。

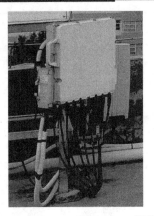

图 2-15　8 通道 RRU、2 通道 RRU

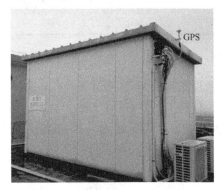

图 2-16　GPS 一体化柜上安装、机房顶安装

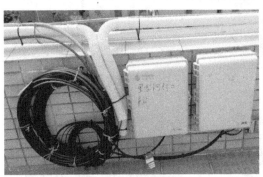

图 2-17　光交箱、电表

图 2-18　交转直模块（AC-PSU）、室外走线架、馈线窗

2.2　LTE 基站设备

　　4G 将与 5G 长期共存于现网中，5G 的配套设备与 4G 的基本一致，因此必须先掌握 4G 主设备和配套设备。本节也是学习无线设计的基础。

　　TD-LTE 无线产品主要包括三部分：BBU、RRU、天线。本节主要详细介绍华为、中兴、爱立信主流设备厂家的 BBU、RRU、天线产品及配套的电源、线缆等。

2.2.1　主设备

　　目前 LTE 主流设备厂家有：华为、中兴、爱立信、诺西等，主流设备包括了 BBU、RRU、天线等，各产品功能大同小异。

1. BBU

　　1）华为 BBU3900/3910

　　华为 LTE-BBU 型号为 BBU3900/3910，其广泛应用于各种场景中，可放置于室内 19 英寸标准机柜中，与华为 GSM/TD 机柜共柜安装；可在室内挂墙安装；可在室外一体化柜上安装；可安装于室外 APM30 柜中。

　　（1）外形

　　华为 BBU3900/3910 采用盒式结构，是一个 19 英寸宽、2U 高的小型化的盒式产品；尺寸为：446mm（宽）×88mm（高）×310mm（深），其指标如图 2-19 所示。

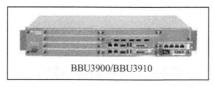
BBU3900/BBU3910

BBU参数	指标
尺寸（宽×高×深）	446mm（19inch）×88mm×310mm（2U）
质量	≤12kg
防护等级	IP20
工作温度	−20℃～+55℃
工作电压	−48V DC（−36V DC～−60V DC）
工作环境	室内应用或安装在室外型机柜内

图 2-19　华为 BBU3900/3910 指标

　　（2）单板槽位及配置原则

　　如图 2-20、表 2-2 所示，华为 BBU3900/3910 共有 8 个单板槽位（0～7 号槽位，Slot0～Slot7），若干个基带板，1 个主控板，2 个电源/告警槽位，1 个风扇槽位。提供背板接口，进行单板间的通信及电源供给。

　　表 2-3 为华为单板用途和型号。

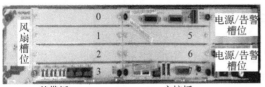

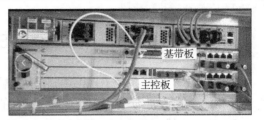

BBU3900   BBU3910（UBBPem+UMPTe）

FAN	槽位 0：UBBPe9	槽位 4：UBBPe9	UPEUc
	槽位 1：UBBPe9	槽位 5：UBBPe9	
	槽位 2：UBBPe9	槽位 6	UPEUc
	槽位 3：UBBPe9	槽位 7：UMPT	

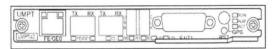

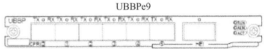
UBBPe9

图 2-20   TD-LTE 主控板（UMPT）、TD-LTE 基带板（UBBPe）

表 2-2   华为 BBU 单板说明

名　称	配　置　说　明	槽　位
UMPT	4E1 主控板，含高灵敏度 UBLOX 星卡，LTE 新建不与原 BBU 共框时配置。提供 1 个 4E1 接口+1 个 GE 电口+1 个 GE 光口	插于 6、7 号槽位
UBBPe	最新版本是 UBBPe8 和 UBBPe9，旧版本是 UBBPd9 和 LBBPd4（大量存在于现网中）	可插在 0、1、2、3、4、5 号槽位
FAN	BBU 风扇模块 FAN，用于 BBU 散热	插于 EIU 槽位
UPEUc	电源环境接口单元，支持 8 路开关量输入和 2 路 RS-485 输入	插于 PEU 槽位

表 2-3   华为单板用途和型号

单　板	用　途	型　号
UMPT	TD-LTE 主控板	UMPTb4（带星）、UMPTb3（不带星）
WMPT	TD-SCDMA 主控板	
LBBPd	TD-LTE 基带板	LBBPd4
UBBP	TD-SCDMA 基带板	UBBPa、UBBPb、UBBPc
UBBP	TD-LTE 基带板	UBBPd9、UBBPe8、UBBPe9、UBBPem

注：带星指主控板上带有 GPS 端口，不带星指主控板上没有 GPS 端口。如果该 BBU 已有一个带星的主控板，那新增 UMPT 时不再需要带星卡。

2）中兴 BBU——B8300

中兴 LTE-BBU 型号为 B8300，其广泛应用于各种场景中，可放置于室内 19 英寸标准机柜中，与中兴 GSM/TD 机柜共柜安装；可在室内挂墙安装；可在室外一体化柜上安装；可安装于综合柜中。

（1）外形

中兴 B8300 采用盒式结构，是一个 19 英寸宽、3U 高的小型化的盒式产品，支持北斗/GPS，最多支持 9 块基带板，满配质量 9kg，可采用-48V DC/220V AC 供电，其连接方式如图 2-21 所示。

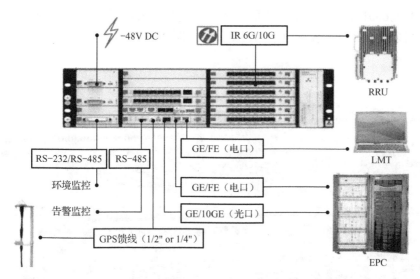

图 2-21　中兴 B8300 及连接方式

（2）单板槽位及配置原则

中兴 B8300 共有 12 个单板槽位（0～11 号槽位），9 个基带板，1 个主控板，2 个电源/告警槽位，1 个风扇槽位。提供背板接口，进行单板间的通信及电源供给，如图 2-22 和表 2-4 所示。

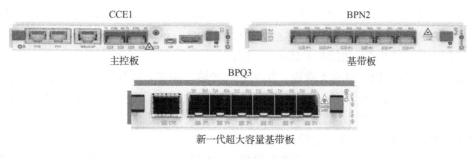

图 2-22　主控板和基带板

表 2-4　中兴单板说明

主 板	配 置 说 明
主控板（CCE1）	支持 TDL/TDS 双模，支持 3D-MIMO 基站
基带板（BPN2）	支持 6×8 通道 20MHz 载波或 12×2/单通道 20MHz 载波，6×IR
基带板（BPQ3）	支持 6 路 25Gbps 光口，用于连接 3D-MIMO 的 AAU；支持 1 个 64 通道的 20MHz 3D-MIMO 载波
其他	告警板（SA）、电源板（PM10）

3）爱立信 BBU——RBS6601

爱立信 LTE-BBU 型号为 RBS6601，其广泛应用于各种场景中，可放置于室内 19 英寸标准机柜中，与爱立信 GSM/TD 机柜共柜安装；可在室内挂墙安装；可在室外一体化柜上安装；

可安装于综合柜中。

（1）外形

爱立信 RBS6601 采用盒式结构，是一个 19 英寸宽、1.5U 高的小型化的盒式产品，支持北斗/GPS，最多支持 2 块大容量数字基带单元，如图 2-23 所示。

图 2-23　爱立信 RBS6601

（2）单板槽位及配置原则

爱立信 RBS6601 支持 2 块大容量数字基带单元，主要型号有 DUS41、DUG20、Baseband 5216/5212 等。

DUS41：用于 LTE，集主控、传输、基带、同步功能于一体，单板支持 3 个 20MHz 8 通道小区，一块单板支持 12 个载波，小区超过 12 个载波，需新增一块单板。

DUG20：用于 GSM，功能与 DUS41 一致。

Baseband 5216/5212：传承无背板，集主控、传输、基带、同步功能于一体，具有高集成度、高可靠性、节省备件投资的优势。具备更高的容量，单板支持多制式（LTE、NB-IoT）及混模工作，无须更换硬件，通过软件升级即可满足技术演进的需求。Baseband 5216 支持 3D-MIMO，Baseband 5212 则不支持。

Baseband R503（非必选）：用于提供前传接口配置及扩展能力，解决单块基带板在对星形拓扑有特殊要求场景下 CPRI 接口不足的问题。

各厂家基带处理能力不同，其支持最大 RRU 数如表 2-5 所示。

表 2-5　各厂家单基带板标称能力（双通道设备）

厂　家	板卡类型	单基带板处理能力	单基带板支持 RRU 数		
			单载波	双载波	三载波
华为	UBBPe8/UBBPe9	6×20MHz	12/12	6/12	4/8
爱立信	DUS41/ Baseband 5216	6×20MHz/18×20MHz	6/18	3/9	2/6
中兴	BPN2/BPQ2	12×20MHz	12/12	6/12	4/8
诺基亚	FSIH	12×20MHz	12	6	0
大唐	BPOI	6×20MHz	24	12	8

2. RRU

1）华为 RRU

华为 RRU 旧产品主要包括 DRRU3168e-fa、DRRU3182-fad、DRRU3161-fae、DRRU3172-fad、DRRU3182-e、DRRU3152-e 等，如图 2-24 所示。

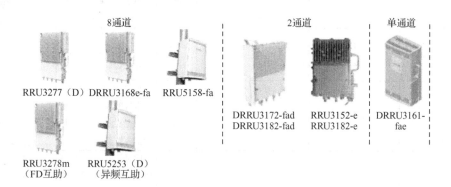

图 2-24　华为 RRU 产品

为了适应中国移动 2.6GHz 的 5G 网络，华为新 RRU 产品均支持 160MHz 带宽能力，如 RRU5152-FAD、RRU5235E、RRU3235E、RRU5235L 等。

（1）RRU 光口使用原则

DRRU3168-fa、DRRU3162-fa、DRRU3161-fae、DRRU3172-fad、DRRU3158(e)-fa、DRRU3152-fa、DRRU3151(e)-fae、DRRU3151-fa，有 LTE 业务时从 Slot2 的 LTE 基带板出光口，因此基带板需插在 Slot2。

DRRU3152-e、RRU3253、RRU3257、DRRU3273、AAU3210，从 Slot4/5/1/0 的 LTE 基带板出光口，因此基带板优先插在 Slot4。

（2）RRU 配置原则

TD-LTE 单模新建宏站：D 频段采用 8 通道 DRRU3257、DRRU3273，F 频段采用 8 通道 DRRU3168-fa；2 通道美化排气管及集束多频天线采用 DRRU3172-fad。

TD-LTE 单模新建室分：E 频段单室分系统采用单通道 DRRU3161-fae，双室分系统采用 2 通道 DRRU3152-e。

2）中兴 RRU

中兴 RRU 产品主要包括高功率 8 通道 RRU（R8988、R8978），大功率 2 通道 RRU（R8972E），小巧、适合隐蔽安装的 Pad RRU（R8502），多模多频 2 通道 RRU（R8984），双模 2 通道微 RRU（R8972S）等，产品特性如表 2-6 所示，依据实际场景及适用频段灵活使用。

RRU 配置原则：

TD-LTE 单模新建宏站：D/F 频段可采用 8 通道 R8988、R8978，也可采用 2 通道 R8972S（F 频段）、R8502（D 频段）、R8972E（D+F 频段）。高铁站可使用 R8984。

TD-LTE 新建室分：E 频段室分系统采用 2 通道 R8972E。

表 2-6　中兴 RRU 产品特性

型 号	编 号	频 段	容 量	体积/质量	特点及应用场景	产品照片
R8978	S2600W	2575～2635MHz	3×20MHz	21L、20kg	体积小、重量轻,有效提升施工效率,主要应用于 D 频段室外覆盖站点	
	M1920A	1885～1915MHz;2010～2025MHz	F:20MHz+10MHz;A:15MHz	19L、19kg	FA 频段 8 通道双模 RRU,应用于 FA 频段室外宏覆盖	
R8988	S2600	2575～2635MHz	3×20MHz	18L、16kg	相比 R8978 体积、重量有所改善,功率提升,主要应用于 D 频段室外覆盖站点	
	S2600F	2575～2635MHz	3×20MHz	23L、20.3kg	同时接收 F/D 频段的上行信号,F 频段接收的信号与已有的 F 频段信号进行合并。适用于 D 频段 8 通道室外站点	
R8972E	M192023A	1885～1915MHz;2010～2025MHz;2320～2370MHz	F:20MHz+10MHz;A:15MHz;E:20MHz+20MHz+10MHz	11L、12kg	FAE 频段单通道双模 RRU,主要应用于室内分布覆盖	
	S2300W	2320～2370MHz	20MHz+20MHz+10MHz	11L、12kg	E 频段 2 通道双模 RRU,主要应用于室内分布覆盖	
	S2600W	2575～2635MHz	3×20MHz	11L、12kg	D 频段 2 通道双模 RRU,主要应用于 D 频段室外深度覆盖、补盲补热、快速建站场景	
	M1920A	1885～1915MHz;2010～2025MHz	F:20MHz+10MHz;A:15MHz	11L、12kg	FA 频段 2 通道双模 RRU,应用于室外补盲补热、道路覆盖等场景	
R8502	S2600	2575～2635MHz	3×20MHz	4L、4kg	D 频段 2 通道 RRU,大容量、小体积,2T2R,应用于城市热点话务吸收、居民区覆盖、大型场馆覆盖、道路覆盖等场景	
R8984	M192026	1885～1915MHz;2010～2025MHz;2575～2635MHz	FA:LTE20M+TDS9CS;D:LTE3×20M	18L、20kg	FAD 三频段 2 通道 RRU +高增益天线,兼顾容量和覆盖,满足高铁、高速场景	

续表

型号	编　号	频　段	容　量	体积/质量	特点及应用场景	产品照片
R8972S	M1920A	1885～1915MHz；2010～2025MHz	F：20MHz+10MHz；A：15MHz	8L、8kg	F 频段支持 TDS/TDL 双模应用，支持天线一体化，主要应用于 FA 频段室外深度覆盖、补盲补热、快速建站场景	

3）爱立信 RRU

爱立信 RRU 产品外形、型号及支持频段如图 2-25 所示。产品型号包括：

（1）室内：RRU2216 B40A。

（2）室外：D 频段 2 通道 RRUL63 B41E、D 频段 8 通道 Radio 8808 B41E、Radio 8818 B41E；F 频段 2 通道 RRU2218 B39A、F 频段 8 通道 Radio 8808 B39A。

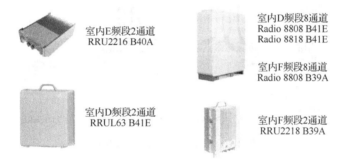

图 2-25　爱立信 RRU 产品

3. 天线

天线设备厂家主要有通宇、摩比、华为、中兴、京信、神创、盛路、安佛士等。

1）常见天线

常见的天线产品包括：FAD 宽频天线、FA/D 合路天线、FA/D 3D 电调天线、F 频高增益天线、集束一体化天线、排气管天线、射灯天线等。各产品支持频段、天线型号及端口如表 2-7 所示。

表 2-7　常见 LTE 天线

天 线 类 别	端　口	支持的频段及通道数	常 用 型 号
FAD 宽频天线	9×N 型接头	F、A、D 8 通道	华为 ATD451602、华为 ATD451603、通宇 TYDA-202616D4T6、京信 ODS-090R15CV06、京信 ODSR-090R15CV0202、摩比 T-04-52-50-003
FA/D 合路天线	集束接头两组，每组 2 个	8 通道；第一组端口 F、A，第二组端口 D	华为 ATD4516C2、华为 ATD451607、通宇 TYDA-2015/2616DE4-BC、摩比 T-04-52-15-001、摩比 T-03-52-52-003

续表

天 线 类 别	端 口	支持的频段及通道数	常 用 型 号
FA/D 3D 电调天线	集束接头两组,每组 2 个	8 通道;第一组端口 F、A,第二组端口 D	华为 ATD4516R0
F 频高增益天线	9×N 型接头	F、A、D 8 通道	华为 ATD451800、摩比 T-DA-02-00-005、通宇 TDJM-182021-252721DEH-33FT2、通宇 TDJ-172721D-33FT3

RRU 与天线连接模拟图如图 2-26 所示。

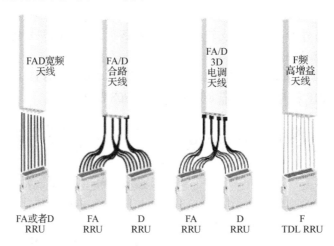

图 2-26　RRU 与天线连接模拟图

其他常见天线如表 2-8 所示,依据系统属性及天面情况灵活选取。

表 2-8　其他常见天线

类 型	型 号	功 能
多频集束天线	通宇 TTS-172718/172718DE-65F-Av01	DCS&FAD 集束一体化天线
	神创 GSM&DCS&FAD 集束八口天线	GSM&DCS&FAD 集束八口天线
	通宇 TTS-9015/172717/272717DER-65F-Av01	GSM&DCS&FAD 集束一体化天线
	神创 FAD 集束四口排气管天线	FAD 集束四口排气管天线
排气管天线	通宇 TYXD-9015/172717DE-PQG200v01,ϕ0.2m×3m	GSM&DCS&FAD 排气管天线
	通宇 TYXD-9015/172717DE-PSG200v01	GSM&DCS&FAD 排水管天线
	神创 FAD 集束四口排气管天线	FAD 集束四口排气管天线
小天线	盛路 SI17304A	FAD 宽频智能小天线
	神创 DCS&FAD 两口宽频天线	DCS&FAD 两口宽频小天线
	通宇 TDJ-709008/172708D-65FT0-C	DCS&FAD 两口宽频小天线
	凯瑟琳 80010761	DCS&FAD 两口宽频小天线
2 通道天线	安佛士 APXVLL13N-C	四口,2 通道天线
	通宇 TDJ-9015/1818DE-65F	双频双极化天线
	通宇 172715DE-65F	DCS&FAD 两口宽频天线

类　型	型　号	功　能
四口/六口天线	通宇 TDJ-172718D-65PT6	GSM&DCS&FAD 六口宽频天线
	神创 GSM&DCS&FAD 六口宽频天线	GSM&DCS&FAD 六口宽频天线
	通宇 172714D-65FT6	GSM&DCS&FAD 四口宽频天线
	神创 GSM&DCS&FAD 四口宽频天线	GSM&DCS&FAD 四口宽频天线
射灯天线	凯瑟琳 80010761	DCS&FAD 两口宽频小天线

（1）FAD 宽频天线

适用于天面空间充足场景，F 频段升级、F 频段新建、D 频段新建，且天面空间不受限制，如图 2-27 所示。

（2）FA/D 合路天线

适用于天面空间充足场景，F 频段升级、F 频段新建、D 频段新建，且天面空间不受限制，常用于共址站 D+F 频段，即如原站点为 D 频段，现想新建 F 频段，在无空余抱杆的情况下，可拆除原有 D 频段天线，原位替换成 FA/D 合路天线，如图 2-27 所示。

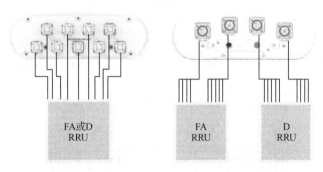

图 2-27　FAD 宽频天线、FA/D 合路天线

（3）FA/D 3D 电调天线

适用于 F 或 D 频段 TDL，新建的同时支持后续扩容；在天面空间受限的场景下，更换原网 TDS 天线，新建 D 频段 TDL；满足 TD-LTE 及 TD-SCDMA 网络的远程设置参数（垂直下倾角、水平方位角、广播波束水平波宽）需求，降低优化难度和成本。

（4）F 频高增益天线

适用于依托农村或郊区现有站址资源，提高 LTE 单站覆盖距离，实现 TD-LTE 快速部署和连续覆盖；适用于高铁或高速公路沿线的部署。

天线具备高增益功能，F 频段达 17dBi，比常规智能天线增加 2.5～3dB，相比普通天线下行（−108dBm）覆盖距离增加 21%，上行覆盖距离增加 30%，小区覆盖半径提升 6%，覆盖面积增加 12%，容量提高 15%。

（5）3D-MIMO 天线

3D-MIMO 天线可通过控制大规模天线阵列中各单元的强度和相位实现电磁波束的空间赋形和定向。基带射频天线一体化设计，128 个天线阵子、64 通道；支持水平、垂直波束调整；支持相位和幅度校准；支持不同场景智能权值配置。其功能及三大设备厂家产品型号如图 2-28 所示。

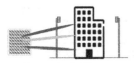

高楼垂直精准覆盖

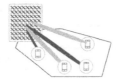

密集区域热点定向

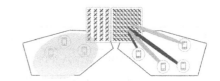

波束能量更集中，提升边缘速率

（a）爱立信 6468

（b）华为 AAU5270

（c）中兴 MM6101

图 2-28　3D-MIMO 天线产品三大设备厂家产品型号

3D-MIMO 天线主要由三部分组成：AU、RU、电源模块，如图 2-29 所示。

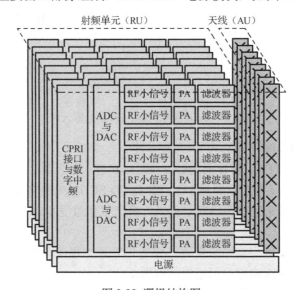

图 2-29　逻辑结构图

① AU：天线采用 8×8 阵列，支持 64 个双极化振子，完成无线电波的发射与接收。

② RU：

● 接收通道对射频信号进行下变频、放大处理、模数转换（A/D 转换）及数字中频处理。

● 发射通道完成下行信号滤波、数模转换（D/A 转换）、下行数字中频处理。

● 完成上下行射频通道相位校正。

● 提供 CPRI 接口，实现 CPRI 的汇聚与分发。

● 提供-48V DC 电源接口。

● 提供防护及滤波功能。

③ 电源模块：用于向 AU 和 RU 提供工作电压。

3D-MIMO 不能和普通小区共基带板，每个小区都需配置一块基带板，均只支持 D 频段。

2）全频段智能天线

全频段智能天线可对当前复杂天面进行收编，解决天面紧张问题。全频段智能天线两大系列产品为"2288"天线和"4488"天线。天线可同时支持 900MHz、1800MHz、FA 频段 8T8R 以及 D 频段 8T8R，最大限度节省天面空间，降低站点租金和维护成本；同时采用创新天线阵列架构设计，使天线尺寸更小，降低部署难度，并且保证各系统增益满足覆盖要求。

（1）"2288" 900MHz/1800MHz/FA/D 独立电调智能天线

支持 900MHz、1800MHz 2 通道与 FA 频段、D 频段 8 通道共站建设，独立调节，远程电调无须上站，提升运维效率，高集成度设计，迎风面积小，同时无损替换现网天线，保持现网覆盖性能不变，如图 2-30 所示。

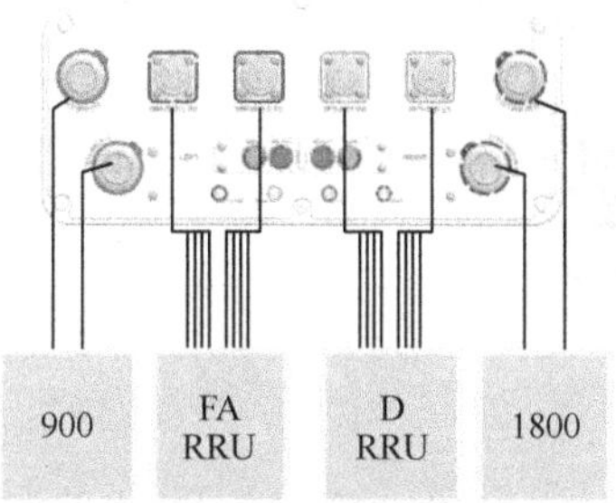

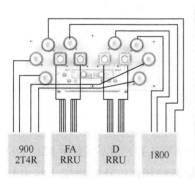

关键指标：

产品型号	AQU4517R5v05				
频段/MHz	885～960	1710～1830	1885～1920 (F)	2010～2025 (A)	2575～2635 (D)
增益/dBi	≥14	≥16.5	≥13.5	≥14.5	≥15.5
水平波宽/°	65±5	65±5	100±15	90±15	65±15
电下倾角/°	0～14，连续可调	2～12，连续可调	2～12，连续可调		
尺寸/mm³	1499（长）×499（宽）×196（厚）				
质量/kg	30.6				
接头类型	4×7/16 DIN型母头+4×集束公头				

图 2-30　"2288"天线指标与端口

（2）"4488" 900MHz/1800MHz/FA/D 独立电调智能天线

支持 900MHz、1800MHz 4 通道与 FA 频段、D 频段 8 通道共站建设，独立调节，远程电调无须上站，提升运维效率，高集成度设计，迎风面积小，同时无损替换现网天线，保持现网覆盖性能不变，如图 2-31 所示。

关键指标：

产品型号	ASI4517R2				
频段/MHz	2×（885～960）	2×（1710～1830）	1885～1920 (F)	2010～2025 (A)	2575～2635 (D)
增益/dBi	≥14	≥16.5	≥13.5	≥14.5	≥15.5
水平波宽/°	65±5	65±5	100±15	90±15	65±15
电下倾角/°	0～14，连续可调	2～12，连续可调	2～12，连续可调		
尺寸/mm³	1549（长）×499（宽）×206（厚）				
质量/kg	40				
接头类型	8×7/16 DIN型母头+4×集束公头				

图 2-31　"4488"天线指标与端口

3）多通道电调天线

（1）4 通道 900MHz 电调天线

支持 NB/FDD 900MHz 2T4R/4T4R 建设，支持 FDD900、NB900 与 GSM900 2 通道共站建设，支持远程电调，提高优化效率，降低运维成本，如图 2-32 所示。

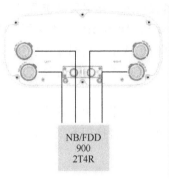

产品型号	ADU4516R10
频段/MHz	2×（820～960）
增益/dBi	≥16.5
水平波宽/°	65±5
电下倾角/°	0～10，连续可调
尺寸/mm³	1999（长）×429（宽）×196（厚）
质量/kg	27.5

图 2-32　4 通道 900MHz 电调天线

（2）4 通道 1800MHz 宽频电调天线

适用于天面空间充足场景，FDD 1800MHz 独立部署场景，支持远程电调，提高优化效率，降低运维成本，如图 2-33 所示。

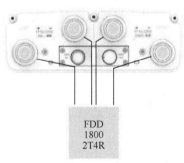

关键指标：	
产品型号	ADU4518R1v01
频段/MHz	2×（1710～2200）
增益/dBi	18/18
水平波宽/°	65
三阶无源互调/dBc	≤-153
电下倾角/°	0～10，连续可调
尺寸/mm³	1365×269×86
质量/kg	10.9

图 2-33　4 通道 1800MHz 宽频电调天线

（3）"4+4" 900MHz/1800MHz 双频电调天线

支持 NB/FDD 900MHz 2T4R/4T4R 与 FDD 1800MHz 2T4R/4T4R 共站建设，支持 NB/FDD 900MHz、GSM 900MHz、FDD 1800MHz 与 FA 多频段 2 通道共站建设，各频段电下倾角独立可调，保证网络性能最优，如图 2-34、图 2-35 所示。

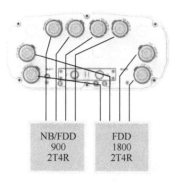

产品型号	AQU4518R33	
频段/MHz	2×（820～960）	2×（1710～2180）
增益/dBi	≥15	≥17.5
水平波宽/°	65±5	
电下倾角/°	0～15，连续可调	0～15，连续可调
尺寸/mm³	1499（长）×429（宽）×196（厚）	
质量/kg	26	

图 2-34 "4+4" 900MHz/1800MHz 双频电调天线

图 2-35 "4+4" 天线、"2+4" 天线实物图

（4）"2222" 900MHz/1800MHz/FA/D 频段独立电调天线

支持 900MHz、1800MHz 与 FA/D 多频段 2 通道共站建设，各频段电下倾角独立可调，保证网络性能最优，如图 2-36 所示。

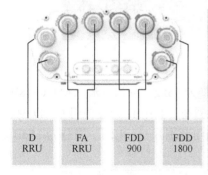

产品型号	AQU4518R31			
频段/MHz	790～960	1710～2200	1710～2170	2490～2690
增益/dBi	≥15	≥17.5	≥17.5	≥17.5
水平波宽/°	65±5			
电下倾角/°	0～14，连续可调	0～12，连续可调		
尺寸/mm³	1499（长）×349（宽）×166（厚）			
质量/kg	23.2			

图 2-36 "2222" 900MHz/1800MHz/FA/D 频段独立电调天线

4. 微小一体化设备

1）华为微站

常见华为微站型号有 AAU3240、EasyMacro2.0、AtomCell 等，部分实物图如图 2-37 所示。

RRU3235E
(D/E)
pRRU3902
pRRU3912
EasyMacro2.0

BTS3205E(D)
Relay
RRN3201
pRRU3907
pRRU3911
pRRU3917
AAU3240
AAU5240

图 2-37　华为微站产品

为适应中国移动 5G 网络，华为新产品 AAU5241 D 频段滤波器带宽提升至 160MHz。

（1）AAU3240

AAU3240 是天线和射频单元集成一体化的模块，支持 FA 频段和 D 频段，其中 FA 频段支持 TDL 和 TDS 制式，D 频段支持 TDL 制式。集成了 RRU 和天线的功能，具有外形美观、体积小、重量轻、安装方便、易部署等特点。

AAU3240 可挂墙或抱杆安装，适合于覆盖城市街道或小区，安装场景如图 2-38 所示。

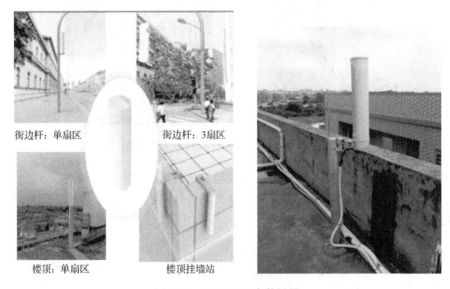

街边杆：单扇区　　　　　街边杆：3扇区

楼顶：单扇区　　　　　楼顶挂墙站

图 2-38　AAU3240 安装场景

AAU3240 尺寸为 750mm（高）×150mm（直径），质量为 15kg，分为直流 AAU（-48V）和交流 AAU（220V）两种类型。平均功耗为 300W，共 4 通道，其中 D 频段使用 C、D 两通道；FA 频段使用 A、B 两通道；机械下倾角不可高，电下倾角范围为-3～12°，增益为 15dBi。

（2）AtomCell

华为 AtomCell 小基站（型号：BTS3205E、BTS3912E）将模块化的基带、射频、传输、天线、供电和安装件等高度集成在一个小的设备里，可以在不同的场景下灵活安装在墙壁、路灯杆等不同的建筑物上。其精致小巧的外形、可灵活安装的优势为众包小蜂窝的开发和网络快速部署提供了便利。

AtomCell 小基站支持多频段，重量轻、体积小、敏感度低、安装便捷，AtomCell 小基站特性如图 2-39 所示。

型号	BTS3205E	BTS3912E 五期新产品
频段	2.6GHz	2.6GHz
带宽	40MHz	60MHz
载波能力	2×20MHz	3×20MHz
最大输出功率	2×5W	2×10W
天线	内置	内置
用户数	400	1200
传输端口	1GE	1GE+1POE输出
体积/质量	6L/6.5kg	8L/10kg,@150×450mm
环境温度	−40℃～55℃	−40℃～55℃
防护等级	IP65	IP65

圆柱，杆站更融合，
集成RGPS
易部署、易伪装

图 2-39 BTS3205E 和 BTS3912E 特性

BTS3205E 质量为 6.5kg/9kg（不含/含 Dock），支持 2575～2635MHz，支持 D 频段，但不支持 F 频段。主要分为四大模块：内置天线、Dock 传输供电防雷、无线回传模块、RGPS，各个模块的功能及接口如图 2-40 所示。

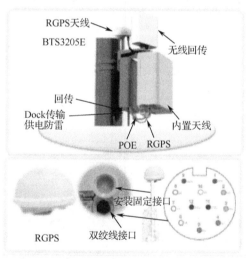

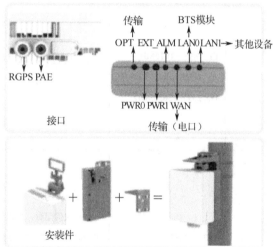

图 2-40 各个模块功能及接口

AtomCell 安装方便、快捷，可安装于灯杆、外墙等不同建筑物上。AtomCell 安装方式及各模块间连接线缆如图 2-41 所示。

2）中兴微站

中兴微站产品如表 2-9 所示，主要包括：

① 集成 RRU 和天线：A8712、A8988H、A8988。

② 集成 BBU、RRU、天线：BS8922（常用）、BM02、R8219。

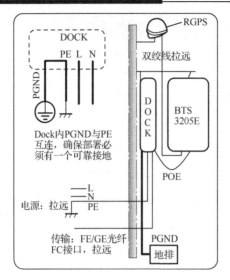

图 2-41 AtomCell 安装方式及各模块间连接线缆

表 2-9 中兴微站产品特性

型 号	频 段	产 品 特 点	实 物 图
A8712	F：1885～1915MHz； A：2010～2025MHz； D：2575～2635MHz	支持多频段、配套简单、快速建站、极致美化的双通道 RRU，微站级大小，宏站级功率	
A8988H	2575～2635MHz	通过权值配置，垂直广播波宽可在 30°～70°内灵活可调；广播波束倾角在±20°内灵活可调，无须上站调整天线	RRL 滤波器 天线
A8988	2575～2635MHz	天线一体化设计，支持 D 频段，内置抗 1880M FDD 阻塞滤波器，解决 1880M FDD 阻塞问题；外接 FA 频段，RRU 升级为 FAD 三频站点，利旧 FA 频段旧 RRU，零天面增加	

续表

型 号	频 段	产品特点	实 物 图
BS8922	D：2575～2635MHz； F：1885～1915MHz	体积更小，较上一代减小 30%；重量更轻，较上一代减小 20%；支持双载波、载波聚合；一体化设计	
BM02	F：1885～1915MHz； D：2575～2635MHz	拓展宿主基站的覆盖范围，可应用于城市补盲、农村覆盖延伸、高速、海域等场景	
R8219	TDL 2.3GHz、 FDD 1.8GHz 或 GSM 1.8GHz	中兴第一款室外型 QCell 产品，将 QCell 小巧、隐蔽、易安装等优点引入室外覆盖	

3）爱立信微站

爱立信微站主要为天线、RRU 集成一体化产品：ETAIR（F+D）、mRRU、RDS B40（室内），目前常用的型号是 mRRU2208，如图 2-42 所示。爱立信暂无 BBU、RRU、天线集成一体化产品。

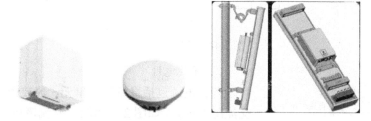

图 2-42　爱立信微站 mRRU2208、RDS B40、ETAIR（F+D）

2.2.2　配套设备

1. 基站电源

基站系统各电源输入/输出端路由如图 2-43 所示。

基站电源包括交流配电箱（AC）、开关电源、蓄电池、UPS、变换器（DC/DC）、逆变器等，如图 2-44 所示。

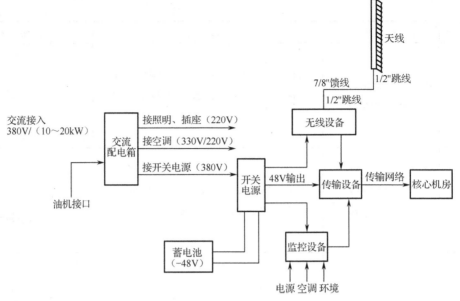

图 2-43　基站系统各电源输入/输出端路由

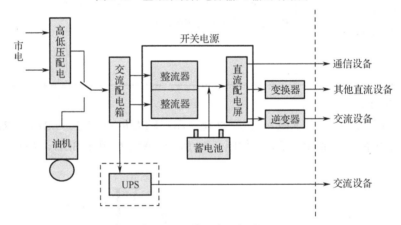

图 2-44　基站电源组成

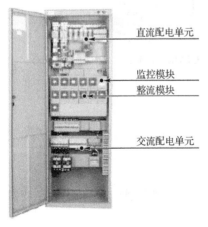

图 2-45　开关电源构成

1）开关电源

开关电源包括直流配电单元、监控模块、整流模块、交流配电单元，如图 2-45 所示。整流模块每块为 50A/40A/25A，50A 的最常见。

开关电源设备容量配置：

开关电源设备容量=基站设备直流负荷+蓄电池充电电流

整流模块数量按 $n+1$ 冗余方式配置，其中，$n=$（基站设备直流负荷+蓄电池充电电流）/本期配置单个整流模块容量，进位取整数。

一次下电分路，50A（或 32A）×18（直流空开），16A×6（直流空开），主要接入无线设备。

二次下电分路，32A×6（直流空开），16A×6（直流空开），主要接入传输设备。

当一次下电分路故障时，二次下电分路可以继续运行，保障传输设备的正常运转，因为传输设备涉及全网很多站点，一旦断电，后果不堪设想。

2）蓄电池

蓄电池一般和蓄电池铁架组合在一起，分为单层、双层、多层，立式、卧式。按蓄电池组的运行制式划分，分为充放电、半浮充、全浮充。按容量分可分为 200Ah、300Ah、500Ah、1000Ah 等，有-48V 和 24V 两种类型。

蓄电池容量：按基站近期负载，结合该地区市电状况进行配置，需考虑市电停电时间、移动油机由维护中心至基站路途时间、维护人员不足或停电基站较多时的等待时间等。计算公式如下：

$$Q = \frac{KIT}{\eta[1 + \alpha(t - 25)]} \tag{2-1}$$

其中：

K——安全系数，为 1.25；

I——近期负荷电流；

T——放电小时数（h）；

t——最低环境温度（5℃）；

η——放电容量系数；

α——电池温度系数，为 0.006。

放电小时数和放电容量系数关系如下所示。

放电小时数	2	3	6	10
放电容量系数	0.61	0.75	0.88	1

3）电源线计算和选择

（1）基站电源线

机房内各设备都需供电和接地，各线缆截面积如图 2-46 所示。

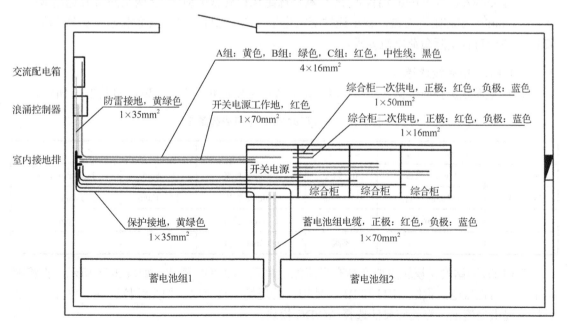

图 2-46　室内机房各线缆截面积

（2）直流电力线截面积选择

计算公式如下：

$$S = \frac{2IL}{\gamma\Delta U} \qquad (2\text{-}2)$$

其中：

S——导体截面积（mm²）；

I——负荷电流（A）；

L——导体长度（m）；

γ——导体电导率（m/Ω·mm⁻²），铜导线：γ=57，铝导线：γ=34；

ΔU——允许电压降。

例：某局市话-48V 电源，远期忙时最大负荷电流为 500A，从蓄电池到直流配电屏线路距离为 6m，直流配电屏到市话机房配电屏距离为 15m，每段应选择什么规格型号的馈电线？

解：① 求蓄电池到直流配电屏导线截面积。

因为蓄电池到直流配电屏一般用铜导线，所以γ=57，另外查表可得，这段导线允许电压降 ΔU=0.2V，故

$$S = \frac{2IL}{\gamma\Delta U} = \frac{2 \times 500 \times 6}{57 \times 0.2} \approx 526.32 \text{（mm}^2\text{）}$$

选用 RVVZ 1×300（mm²）铜芯阻燃聚氯乙稀绝缘护套软电缆 4 条（两正两负）。该型铜芯线安全载流量为 744A，完全符合实际负荷电流要求。

② 求直流配电屏到市话机房配电屏导线截面积。

查表可得这段允许电压降 ΔU=0.6V，故

$$S = \frac{2IL}{\gamma\Delta U} = \frac{2 \times 500 \times 15}{57 \times 0.6} \approx 438.6 \text{（mm}^2\text{）}$$

选用 RVVZ 1×240（mm²）铜芯阻燃聚氯乙稀绝缘护套软电缆 4 条（两正两负），选用 RVVZ 1×120（mm²）铜芯阻燃聚氯乙稀绝缘护套软电缆 1 条（保护地）。该型铜芯线安全载流量为 628A，完全符合实际负荷电流要求。

（3）RRU 电源线选择

RRU 电源线选择应依据其路由长度来定。各厂家规定并不完全一致，如表 2-10 所示。

表 2-10　三大厂家 RRU 电源线选择表

爱立信		中兴		华为	
0～70m	2×6mm² 直流	0～50m	2×4mm² 直流	0～80m	2×3.3mm² 直流
71～120m	2×10mm² 直流	51～75m	2×6mm² 直流	81～120m	2×8.2mm² 直流
不限	3×2.5mm² 交流	76～200m	2×10mm² 直流	不限	3×1.5mm² 交流
		不限	3×1.5mm² 交流		

TD-LTE 基站设备模块主要产品有直流配电单元、AC/DC 模块，如表 2-11 所示。直流配电单元输出直流电，供给 BBU 和 RRU 使用，若现场无直流电，如光纤拉远站、室分站，现场只能提供交流电，那就应灵活选择 AC/DC 模块。

表 2-11 常用设备电源模块

类 别	设备型号	说 明	备 注
直流配电单元	华为、爱立信使用 DCDU-12B、EPU02D，中兴使用 DCPD6	给 RRU、BBU 供电	1BBU+6RRU
AC/DC 模块	EPS30-4815	AC/DC 电源模块	1BBU
	ETP48100-B1	AC/DC 电源模块	1BBU+2RRU
	AC-PSU	AC/DC 电源模块	1RRU
	OMB	室外 AC/DC 电源 3U 机框	室外 1BBU+3RRU
	APM30	室外 AC/DC 电源机柜	室外 1BBU+6RRU

（1）DCDU-12B

DCDU-12B 实现一路-48V DC 输入，10 路-48V DC 输出，为 BBU、RRU 等设备供电，如图 2-47 所示。

图 2-47 DCDU-12B 安装图

DCDU-12B 可给 BBU、RRU 集中供电，可安装在 IMB03、APM30 等机柜/机框中。

DCDU-12B 尺寸为：442mm×42mm×65mm，质量为 1.65kg；支持 10×30A（6 个大快插端子+4 个小快插端子）；输入电源线为 2 路 16mm² 电源线（黑线接地（+级）、蓝线接-48V DC（-级））。

（2）ETP48100-B1

ETP48100-B1 将 220V AC 转为-48V DC，为 BBU、2 路 RRU 供电，如图 2-48 和表 2-12 所示。

图 2-48 ETP48100-B1 实物图

表 2-12 ETP48100-B1 特点

参 数	指 标
功能	将 220V AC 转为-48V DC，为 BBU、2 路 RRU 供电
输入电流	输入交流空开 20A，1 路 220V AC 输入。输入电源线为 2.5mm² 交流电源线
配电规格	4×30A（快插）
尺寸（宽×高×深）	442mm×43.6mm×310mm
质量	≤8.9kg
防护	支持 RRU 拉远到室外（配电自带防雷）
输出电压	-42V DC～-58V DC

续表

参　数	指　标
输出功率	3000W
典型应用场景	放置室内，1 个单电源板（UPEU/UPEUc）或双电源板（UPEUc×2）BBU+2 个 RRU；不允许在 ILC29 系列机柜中安装

（3）EPS30-4815

华为 EPS30-4815 将 220V AC 转为-48V DC，为 BBU、1 路 RRU 供电，如图 2-49 和表 2-13 所示。

图 2-49　华为 EPS30-4815 实物图

表 2-13　华为 EPS30-4815 特点

参　数	指　标
功能	应用于交流室内覆盖场合，将 220V AC 转为-48V DC，为 DBBP530、RRU 供电
输入电流	1 路 220V AC 输入。输入电源线为 3×1mm² 交流电源线，使用交流空开 10A
配电规格	10A（4PIN 端子）+12A×1（OT 端子）+4A×1（OT 端子）
尺寸（宽×高×深）	482.6×44.45mm×240mm（1U）
安装方式	室内机框中安装
质量	≤6kg
输出电压	-54V DC
输出功率	800W
典型应用场景	室分站与室内机框配合使用为 BBU 供电

（4）OMB

华为 OMB 将 220V AC 转为直流-48V DC，给 BBU 和 3 路室分 RRU 供电，如图 2-50 和表 2-14 所示。

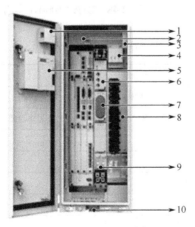

序号	说明
1	ELU电子标签
2	FAU01D-01内循环风扇框
3	门禁传感器
4	SPD40/S交流防雷器
5	HEUB热交换控制单元
4	PMU11A电源管理单元
7	PSU R4850G2 整流器
8	PDU10D-01直流配电单元
9	ETP48100-A1嵌入式电源系统
10	FAU01D-02外循环风扇框

图 2-50　OMB 机架组成

表 2-14 OMB 特点

参 数	指 标
功能	将 220V AC 转为直流-48V DC,给 BBU 和 3 路室分 RRU 供电
输入电流	输入交流空开 32A,1 路 220V AC 输入。输入电源线为 2.5mm² 交流电源线
配电规格	10×30A 输出(快插,6 大 4 小)
质量	≤30kg
尺寸(宽×高×深)	240mm×600mm×430mm
防雷等级	差模 AC/DC:±20kA/±10kA
安装方式	挂墙、抱杆安装
应用场景	TD 仅用于室内安装。适用于室内空间不足,且需防尘、防潮的环境,如弱电井、地下停车场等;OMB 内置 1 个 ETP48100-A1,ETP48100-A1 内置 1 个 PSU,可给 1BBU+3RRU 供电

(5)APM30

华为 APM30 将 220V AC 转为直流-48V DC,给 BBU、RRU 等直流设备供电,BBU 和电源可安装于此柜,如图 2-51 和表 2-15 所示。

图 2-51 华为 APM30 产品

表 2-15 华为 APM30 特点

参 数	指 标
功能	将 220V AC 转为直流-48V DC,给 BBU、RRU 等直流设备供电;APM30 可支持 1BBU+6RRU,不能内置蓄电池(电池可另放一个柜中)
输入电流	交流输入空开:单相:32A(默认)/80A(最大);输入电源线:2×16mm² 交流电源线/单相
配电规格	6×30A,RRU+125A(1P MCB),RFC+1×30A,TMC+2×30A,BBU+1×30A IBBS + 1×30A FAN+4×30A TM+125A(2P MCB)BAT
机柜质量	≤68kg(不包括 BBU、蓄电池和传输设备)
尺寸(宽×高×深)	600mm×700mm×480mm

续表

参　数	指　标
工作环境	温度环境：–40℃～50℃（–20℃以下应用时需配加热盒，50℃以上时要加遮阳棚）；湿度环境：5% RH～100% RH
防护等级	IP55
用户设备空间（宽×高×深）	不内置蓄电池组：482.6mm×311.15mm×380mm（7U）
安装方式	支持室外安装，支持落地（+200 高水泥台）或与蓄电池柜堆叠安装。落地安装时配发 1 个底座

2. 接地系统

接地系统包括室内接地系统、室外接地系统、建筑物的地下接地网。

室内接地系统如图 2-52 所示，包括：交流工作接地、保护接地、防雷接地，现一般采用三者联合接地的方式。

（1）交流接地可保证相间电压稳定；

（2）工作接地可保证直流通信电源的电压为负值；

（3）保护接地可避免电源设备的金属外壳因绝缘受损而带电；

（4）防雷接地可防止因雷电瞬间过电压而损坏设备。

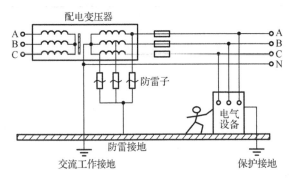

图 2-52　室内接地系统

联合接地是将交流工作接地、保护接地和防雷接地共用一组地网，由接地引入线、接地汇集排、接地连接线及引出线等部分组成。

室外接地系统包括建筑物接地、铁塔防雷接地、天馈线接地，其作用是迅速泄放雷电引起的强电流，也可采用联合接地方式，如图 2-53 所示。

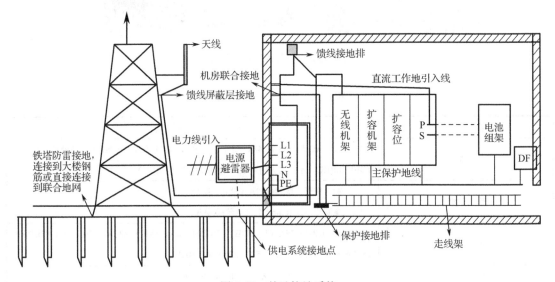

图 2-53　基站接地系统

2.2.3　其他设备

1. GPS 天线

GPS 天线为有源天线，主要功能是接收 GPS 卫星信号，给 GPS 接收机进行位置定位和授时，如图 2-54 所示。

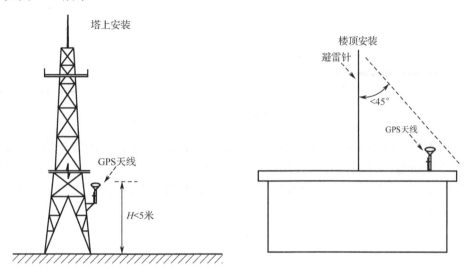

图 2-54　GPS 天线安装示意图

（1）GPS 天线安装要求

GPS 天线的安装位置应该对空视野开阔，以保证 GPS 天线能跟踪到尽可能多的卫星；周围没有高大建筑物阻挡，距离楼顶小型附属建筑物应尽量远，安装 GPS 天线的平面的可使用面积越大越好，天线竖直向上的视角应大于 120°；如果安装在铁塔上，GPS 天线抱杆距离铁塔水平距离为 30cm。新装 GPS 天线距原有 GPS 天线至少 2m 以上。

GPS 天线一般安装于机房顶、一体化柜顶、塔顶。GPS 天线应该安装在 45°避雷区域内，避雷针距天线水平距离在 2～3m 为宜，并且应高于 GPS 天线接收头 0.5m 以上。若 GPS 天线不在现有的避雷针保护范围内，必须另立避雷针，避雷针的引下线直接接到地网，接地工艺符合规范要求。禁止把 GPS 天线安装在避雷针上。GPS 天线安装示例如图 2-55 所示。

图 2-55　GPS 天线安装示例

（2）GPS 天线避雷器

为保护主设备，GPS 天线不可直接与 BBU 相连，需在中间加装 GPS 天线避雷器，其中连接华为 BBU 的 GPS 天线避雷器在近馈窗 1m 处走线架上安装，连接中兴 BBU 的 GPS 天线避雷器扎线带放在机柜侧面或机柜顶部，安装示意图如图 2-56 所示。

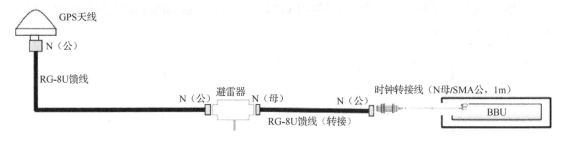

图 2-56　GPS 避雷器安装示意图

如果天馈无法新增 GPS 天线，可采用功分器将多个 BBU 共用一个 GPS 天线。常用的有 2 功分器、3 功分器、4 功分器。如图 2-57 所示为 4 功分器连了 3 个 BBU，功分器放置于避雷器和 BBU 之间。注意：剩余一个端口必须采用负载封堵以维持输出信号功率一致。

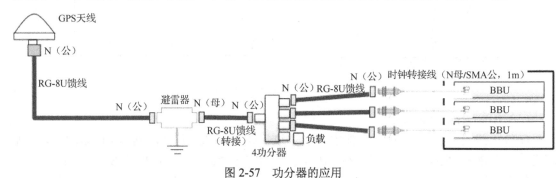

图 2-57　功分器的应用

2. 光模块

光模块用于连接光接口与光纤，传输光信号；光模块上贴有标签，标签上包含速率、波长、传输模式等信息，如图 2-58 所示。

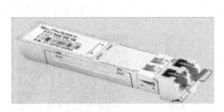

1—速率；2—波长；3—传输模式

图 2-58　光模块产品及标签说明

3. 光纤接头、跳线、集束电缆

（1）光纤接头

常见的光纤接头有 ST、SC、FC、LC、LC-LC 等，是早期不同企业开发形成的标准，使用效果一样，各有优缺点，如图 2-59 所示。

图 2-59　各种光纤接头

LC-LC	FC	ST	LC	SC

其中，LC 是方头的，用于连接主设备，如 BBU、RRU 等。FC 是圆头的，多用于连接光端盒和 ODF。

若 BBU 与 RRU 直连，则需一条 LC-LC 光纤。

若 BBU 与 ODF 相连，则需一条 LC-FC 光纤。

若 BBU、光端盒、RRU 相连，则需 2 条 LC-FC 光纤，如图 2-60 所示。

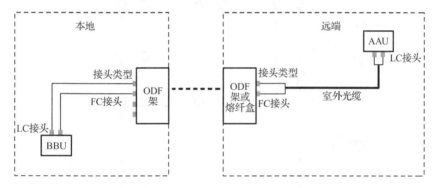

图 2-60　拉远基站使用的光纤及接头

（2）跳线、集束电缆

华为 FAD 宽频天线共 9 个端口（智能天线 8 阵列+1 校准天线），每个小区需要 9 根跳线与 RRU 相连；分为 3m 跳线和 6m 跳线。

FA/D 合路天线为集束口（1 个端口集束了 4 根天线、1 个端口集束了 5 根天线），每个小区需要 2 根集束天线，如图 2-61 所示。

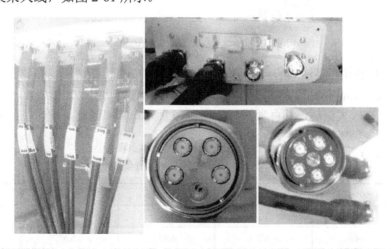

图 2-61　9 根天线跳线

D 频段只需 2 根集束天线，另 2 根集束天线可同时支持 F 频段。集束电缆分为 0.5m 和 3m 两种。若天线与 RRU 距离大于 3m，可使用 0.5m 集束天线+3m 或 6m 跳线。

4. 馈线

通信中常用的馈线有 1/2"馈线、7/8"馈线、天线跳线、软跳线。1/2"馈线一般用于 GPS 天线连至 BBU；7/8"馈线用于 RRU 连至 BBU；天线跳线用于 RRU 连至天线；软跳线用于 BBU 连至传输设备。基站馈线连接图如图 2-62 所示。

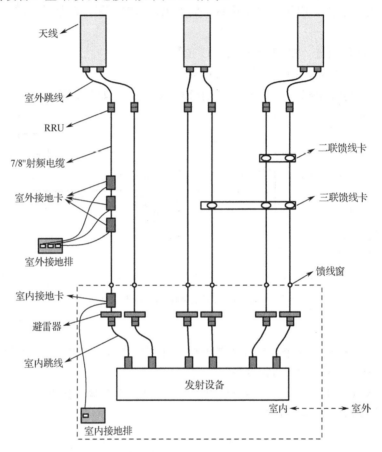

图 2-62　基站馈线连接图

7/8"馈线的损耗比 1/2"馈线的要小，1/2"馈线的柔软度要比 7/8"馈线的要好，所以一般长距离传输，如大于 15m 的用 7/8"馈线，接口处要转弯的一般就用 1/2"馈线。

基站馈线存在较大损耗，其百米损耗如表 2-16 所示。频率越高，相同线型的百米损耗越大；馈线越粗，各频段的损耗差越小。

表 2-16　基站馈线百米损耗表

馈线类型	900MHz	1800MHz	2100MHz	2300MHz	2600MHz
1/2"	6	10	10.6	11.4	12.5
7/8"	4	5.7	6.05	6.6	7.3

5. 机柜

（1）IMB03 机框

华为 IMB03 机框可放置 DBBP530（BBU3900）、DCDU-12B、EPS30-4815 等，主要用于室分系统，可安装 1BBU+DCDU/48100，如图 2-63 和表 2-17 所示。

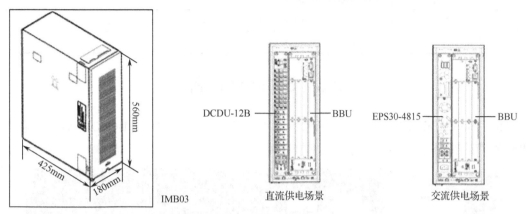

图 2-63 IMB03 机框

表 2-17 IMB03 机框特点

参　　数	指　　标
用途	放置 DBBP530（BBU3900）、DCDU-12B、EPS30-4815 等
质量	≤12kg
外形尺寸（宽×高×深）	3U：180mm×560mm×425mm
安装方式	支持挂墙安装。支持上下走线，默认下走线
应用场景	仅用于室内安装场景

（2）室内落地机柜

华为 ILC29 室内落地机柜用于放置 BBU、DCDU-12B 等标准化 19 英寸设备，高 1.6m，可安装 1～6 个 BBU 和 DCDU。中兴 8811 落地机柜高 1.4m，最多能放 4 台 BBU 和 DCDU。其实物及特点如图 2-64 和表 2-18 所示。

华为机柜 中兴机柜

图 2-64 室内落地机柜

表 2-18　华为机柜特点

参　数	华为 ILC29 指标
用途	放置 BBU、DCDU-12B 等标准化 19 英寸设备
质量	≤75kg
外形尺寸（宽×高×深）	1600mm×600mm×450mm
可用空间	34U（包括 BBU、风扇框、线缆走线槽、DCDU 预留空间、假面板、空槽位）
安装方式	支持水泥地面、防静电地板安装，正面维护

2.3　5G 基站设备

如图 2-65 所示为 5G 基站简化示意图，主要设备包括了 BBU、DCPD、AAU、电源、GPS 等。

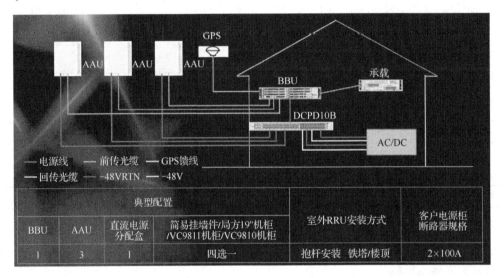

图 2-65　5G 基站简化示意图

2.3.1　5G 主设备

传统的 2G/3G/4G 基站结构由 BBU、RRU、天线组成。5G 采用有源集成化天线，将天线和 RRU 集成在一起，但 5G 设备承重和设备功耗都有较大的增加，在设计基站时应单独考虑，如图 2-66 所示。下面重点介绍几个厂家的主设备产品。

5G 主设备功率为 4G 主设备功率的 2～3 倍，对基站外市电、电源容量、散热等要求较大。5G AAU 宽度比传统 4G AAU 宽度增加约 40%，部分美化外罩尺寸需增加。

1. 5G BBU

1）华为 BBU

华为 BBU5900 是最新推向市场的 5G BBU 产品，其产品物理形态沿用了 4G 的标准化 19 英寸宽、2U 高的标准插框（尺寸：446mm×310mm×86mm），支持 2G/3G/4G/5G，只是外观颜色变化了，如图 2-67 所示。

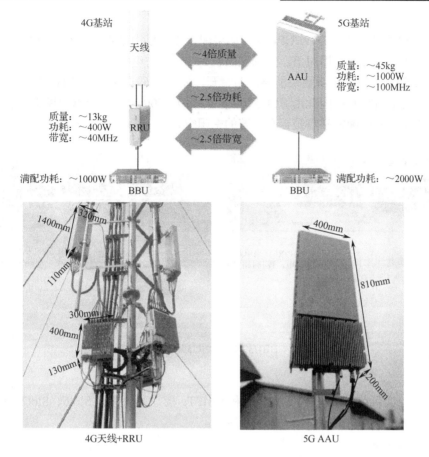

图 2-66　4G 和 5G 基站设备对比

BBU39X0：盒体为紫灰色　　　　　　　　　BBU5900：盒体为黑色，丝印华为Logo

图 2-67　华为 BBU39X0 与 BBU5900

　　BBU5900 槽位排布与之前 LTE 使用的 BBU39X0 槽位排布不一致，由竖向排布改为横向排布，如图 2-68 所示。

BBU39X0单板槽位采用竖向排布

FAN	Slot0	Slot4	POWER
	Slot1	Slot5	
	Slot2	Slot6（主控）	POWER
	Slot3	Slot7（主控）	

BBU5900单板槽位采用横向排布

FAN	Slot0 →	Slot1	POWER
	Slot2	Slot3	
	Slot4	Slot5	POWER
	Slot6（主控）	Slot7（主控）	

图 2-68　槽位排布的变化

（1）电源

BBU5900 电源功耗为 1100W/UPEUe，如果配置 2 个以上基带板，则需要 2 块 UPEUe。电源线径采用 4 方（方为习惯用语，表示截面积为 1mm² 的电线）。

新建 BBU5900，每个电源模块需要两路空开，如图 2-69 所示。而 LTE 的 BBU3900，每个电源模块只需 1 路空开；因此用 BBU5900 替换 BBU3900 时，每个电源模块需要新增 1 路空开。在安装前，需要确定站点是否有足够的空闲空开。

BBU39X0采用单路电源供电，连接1路空开　　BBU5900采用双路电源供电，需连接2路空开

图 2-69　BBU39X0、BBU5900 供电方式

（2）主控板

5G NR 主控板目前有 2 种：UMPTe 板和 UMPTg 板，可放置在 Slot6、Slot7 槽位（优先级为 Slot7>Slot6），其实物和接口如图 2-70 所示。

UMPTe板　　　　　　　　　　UMPTg板

单板类型	星卡支持能力	接口&规格
UMPTe	北斗/GPS双模	2×FE/GE（电口，RJ45），2×FE/GE/10GE（光口，SFP）
UMPTg	北斗/GPS双模	2×FE/GE（电口，RJ45），2×FE/GE/25GE（光口，SFP）

图 2-70　5G NR 主控板

（3）基带板

5G NR 基带板目前有 2 种：UBBPfw1 板和 UBBPg 板，可放置在 Slot0、Slot2、Slot4 槽位，按照 Slot0>Slot2>Slot4 槽位优先级配置，支持 eCPRI，其实物和接口如图 2-71 所示。

UBBPfw1板　　　　　　　　　　UBBPg板

	UBBPfw1板	UBBPg板
前传接口	3SFP（CPRI/eCPRI）+3QSFP（CPRI）	6 CPRI/eCPRI
前传速率/Hz	3×SFP（25G）+3×QSFP（100G）	6×25G
小区能力	支持64T 3×100MHz NR	支持64T 3×100MHz NR

图 2-71　5G NR 基带板

（4）配置方式

BBU5900 基带板支持全宽基带板或单宽基带板（8×半宽或者 3×全宽+2×半宽），如图 2-72 所示。基带板槽位配置优先级如下：

① 全宽基带板>半宽基带板；

② 全宽基带板：从上往下（Slot0 > Slot2 > Slot4）；

③ 半宽基带板从 Slot4 开始，顺时针旋转（Slot4 > Slot2 > Slot0 > Slot1 > Slot3 > Slot5）。

FAN	UBBPfw1		UPEUe
	UBBPfw1		
	UBBPfw1		UPEUe
	UMPTe	UMPTe	

FAN	USCU	USCU	UPEU
	USCU	USCU	
	USCU	USCU	UPEU
	UMPT	UMPT	

图 2-72　全宽基带板、半宽基带板

5G NR 典型配置 S111 只需 1 块 UBBPfw1 板，1 块电源板，后期扩容可增加至 3 块基带板，此时需配 2 块电源板，如图 2-73 所示。

5G NR典型配置 S111 64T64R

FANf	UBBPfw1	
		UPEUe
	UMPTe3	

槽位满配

FANf	UBBPfw1	UPEUe
	UBBPfw1	
	UBBPfw1	UPEUe
	UMPTe3	

图 2-73　BBU 配置方式

注：典型配置 BBU 功耗为 1000W，满配 BBU 功耗为 2100W。

2）中兴 BBU

中兴 NG BBU 是 2017 年发布的全球首个基于 SDN/NFV 技术的 5G 无线接入产品 IT BBU 的升级版。中兴的 NG BBU 采用了先进的 SDN/NFV 虚拟化技术，兼容 2G/3G/4G/5G，支持 C-RAN、D-RAN、5G CU/DU；具有容量大、接口丰富、集成度高、前端维护方便等特点。运营商可以通过部署 NG BBU 进行 4G/5G 混合组网、多模灵活组网，实现垂直业务和多场景的灵活部署，提高网络部署和优化的速度。

典型产品型号为中兴 V9200，如图 2-74 和表 2-19 所示，其沿用了 4G BBU 物理形态，仍为 2U 高、19 英寸宽，可安装于 19 寸机柜、一体化柜、HUB 柜，可挂墙安装。

图 2-74　中兴 V9200 产品

表 2-19　V9200 特性

尺　寸	88.4mm×482.6mm×370mm
质　量	18kg（满配）
容　量	15×100MHz 64T64R（满配）； 3×100MHz 64T64R（单基带板）
同步方式	GPS/北斗/1588V2
供电方式	−48V DC
配电功耗	700W（S111）/1300W（满配）
性　能	支持 CU/DU 合设或分离

3）爱立信 BBU

爱立信 BBU 型号为 Baseband 6630，只有 1U 高，可直接安装在 19 英寸机架上，不再需要 RBS6601 机框，如图 2-75 和表 2-20 所示。BBU 最大支持 3×100MHz 5G NR。

该产品采用直流-48V 供电，采用爱立信专用的三芯转二芯电源接头，自带 2×5mm² 直流电源线供电；典型功耗为 123W，最大功耗为 180W。回传光模块需采用 10G 光模块；GPS、告警配套辅材与 RBS6601 一致。

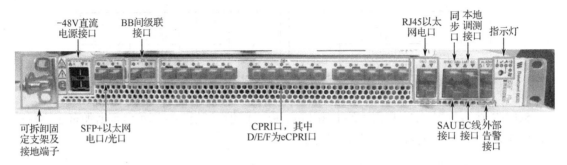

图 2-75　爱立信 BB6630

表 2-20　爱立信 BB6630 特性

尺寸/mm³	483×45×350，标准 1U 单元
质　　量	6.5kg
容　　量	3×100MHz 64T64R（单基带板）
同步方式	GPS/北斗/1588V2
供电方式	-48V DC，2×5mm² 直流线缆
配电功耗	123W（S111）/180W（满配）
性　　能	支持 CU/DU 合设或分离

2. 5G AAU

1）华为 AAU

华为 AAU 是基站的射频模块，集成阵列天线和射频单元，其有多种型号，包括 AAU5612（3445～3600MHz，中国联通使用）、AAU5270E（2515～2675MHz，中国移动使用），AAU 均为 64 通道，支持 Massive MIMO，其 CPRI 物理接口有 2 个，最大支持 100Gbps，采用-48V 直流电源，如图 2-76 所示。

2）中兴 AAU

中兴发布的新一代 5G 高低频 AAU，支持 3GPP 5G NR，支持业界 5G 主流频段，采用 Massive MIMO、Beam Tracking、Beam Forming 等 5G 关键技术，充分满足 5G 商用部署的多样化场景及需求。相比上一代产品，新一代 5G 高低频 AAU 完全符合 3GPP 标准，主要面向商用。

典型产品型号是中兴 A9611A，支持中国移动 2.6GHz 5G NR，其产品特性如图 2-77 所示。

3）爱立信 AAU

爱立信 AAU 型号为 Air 6488，其产品特性如表 2-21 所示。

	AAU5612
尺寸（长×宽×高）	860mm×395mm×190mm
质量	40kg
频段	模块（1）：3445～3600MHz 模块（2）：3645～3800MHz
输出功率	200W
散热	自然冷却
防护等级	IP65
工作温度	-40℃～+55℃（无太阳辐射）
相对湿度	5% RH～100% RH
风载150km/h	frontal：540N
	lateral：200N
	rearside：560N
最大工作风速	150km/h
生存风速	200km/h
载波配置	100MHz（5G单载波）
典型功耗	850W（最大功耗1000W）
工作电源	（-36～-57）V DC
BBU接口	CPRI速率100GHz

正面　　　背面

图 2-76　华为 AAU 实物及参数

工作频段	2515～2675MHz
体积	66L
质量	40kg
输出功率	240W
功耗	1500W（满配） 1000W（典型配置）
IBW	160MHz
OBW	160MHz
温度	-40℃～+55℃
通道数	64T64R
光口	4×25GHz
供电	-37V DC～57V DC
功率	240W
特性	集成度高、迎风面积小
安装方式	挂墙、抱杆

图 2-77　中兴 AAU 实物及产品特性

表 2-21　Air6488 产品特性

尺寸（宽×高×深）	520mm×884mm×190mm
质量	47kg（满配）
容量	64T64R
发射功率	200W
供电方式	-48V DC
配电功耗	900W（最大1200W）
前传接口	3×10Gbps（每个 AAU 单芯）

（1）直流供电方案：采用新款 DCDU，$2\times25mm^2$ 直流电源线供电。

L（电源线长度）≤40m 时，采用 $2\times10mm^2$ 直流电源线和 10 方电源接头。

40m<L≤60m 时，采用 $2\times16mm^2$ 直流电源线和 16 方电源接头。

60m<L≤100m 时，采用 $2\times25mm^2$ 直流电源线和 10 方电源接头，还需配置电源线转换盒（L-IN-50007960），将 $25mm^2$ 电源线转换为 $10mm^2$ 电源线。此电源线转换盒为无源器件，自带一根 1m 长的 $10mm^2$ 电源线，可用室外扎带固定。

（2）交流供电方案：需采用 Power6322 交直流转换模块，并配合专用转接线和电源接头使用；Power6322 需采用独立安装件；Power6322 侧需采用 90°铜鼻子进行接地。

三大厂家 5G 主设备参数与 4G 主设备参数对比如表 2-22 所示。

表 2-22 三大厂家 5G 主设备参数与 4G 主设备参数对比

类 别			中 兴	华 为	爱 立 信	4G 设备
CU/DU 合设		尺寸	2U/19 英寸 482.6mm×88.4mm× 370mm	2U/19 英寸 442mm×86mm× 310mm	最大配置 3U/19 英寸（446mm×134mm× 350mm），最小配置 1U/19 英寸	2U/19 英寸 446mm（19inch）× 88mm×310mm
		质量	<18kg	≤18kg	最小配置<6.5kg	典型配置 6.75kg
					最大配置<19.5kg	满配 8.75kg
		供电方式	-48V DC	-48V DC	-48V DC	-48V DC
		典型功耗	315W	900W（满配）	典型：最小配置 123W	典型：145W
					典型：最大配置 380W	
		最大功耗	1200W	1200W（满配）	500W	
AAU		尺寸及迎风面	880mm×450mm× 140mm	795mm×395mm× 220mm	810mm×400mm× 200mm	422mm×218mm× 133mm
		频段	3.4～3.6GHz	3.4～3.6GHz	3.4～3.6GHz	1800/2100MHz
		机顶输出功率	200W	200W	200W	2×60W
		供电方式	-48V DC	-48V DC	-48V DC	DC：-48V
						AC：220V/110V
		典型功耗	700W	810W	<1000W	450W
		最大功耗	1200W	1200W	1300W	450W
		质量	40kg	40kg	<47kg	14kg

3. 5G 微站

5G 微站类型包括室内一体化 5G 单模微 RRU 设备、室内一体化 4G/5G 双模微 RRU 设备、室外一体化微 RRU 设备、室内一体化微站及室内扩展型微站、室内白盒微基站等，如图 2-78 所示。

图 2-78　5G 微站

（1）室内一体化 5G 单模微 RRU 设备：最大发射功率为 250mW，支持 4T4R。

（2）室内一体化 4G/5G 双模微 RRU 设备：支持三载波或双载波能力，三载波能力为支持 5G 100MHz 单载波、4G 30MHz 和 40MHz 两个载波，双载波能力为支持 5G 100MHz 单载波、4G 40MHz 载波。

（3）室外一体化微 RRU 设备：2020 年，5G 室外一体化 4T4R 微 RRU 设备（微站）应支持功率为 5W 或 10W，如华为 AAU5241 一体化微 RRU。2021 年规划支持 4G 和 5G 多模，发射功率为 5W 或 10W 类型的微 RRU 设备，该设备具备同时支持 5G 单载波和 4G 双载波的能力。

（4）室内一体化微站及室内扩展型微站：2020 年规划 4T4R 5G 单模室内一体化微站，最大发射功率为 250mW，IBW 为 100MHz。

（5）室内白盒微基站：考虑白盒设备技术逐步成熟，2020 年规划 5G 单模 4T4R 250mW 白盒微基站设备。

2.3.2　5G 配套设备

1. 电源设备

（1）供电方案

以华为设备为例，BBU5900 配双路电源，每个 AAU 均配双路电源，当 DCDU 与 AAU 距离小于 70m 时，采用 6 方双路电源线；当距离为 70～100m 时，采用 10 方双路电源线；当距离超过 100m 时，需将线缆再变粗以抵消压降，或在路由中间增加升压设备，如图 2-79 所示（图中 ODM03D 的作用是将双缆合并为单缆）。

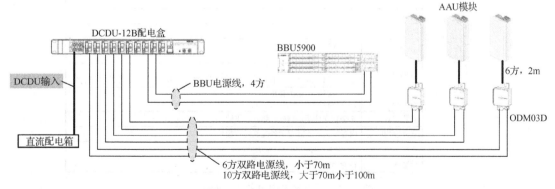

图 2-79　电源方案

若室内分布系统安装 5G 信源，则将 BBU 和交转直模块（ETP48100-B1）安装于同一个机框（IMB03）中，采用交流供电，如图 2-80 所示。

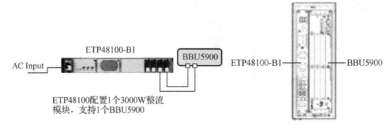

图 2-80　室分 5G 信源供电方案

（2）电源升压设备

5G AAU 功耗较大，BBU-AAU 间线缆线路会产生较大的压降，如果不采用相关措施，到达 AAU 端的电压将无法满足 AAU 的需求，因此可在线路中间增加升压设备，如华为升压配电盒 EPU02D-02，如图 2-81 所示。

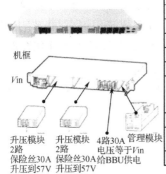

项目	升压配电盒EPU02D-02
安装方式	支持19英寸标准机架安装
输入电压	−48V（−38.4V～−57V）
输入电源线	正负极各2路25方，最长10m
输出电压	−56V DC
等电位线	6方
输出功率	7200W
−57V输出	8路对外接口，但由于电源模块本身限制，只能提供7路输出： 其中4路为−48V 30A，可给1个BBU5900（单电源）+1个BBU3910供电； 其他3路为−57V 30A，可给3个AAU5612供电
告警	1路故障总告警干结点和1路RS-485（已被自身占用）
可配套机框	ILC29 VER.B，IMB05，ILC29 VER.D，ILC29 VER.E，APM30H VER.E版本，TMC11H VER.E版本，客户综合柜
保护等级	IP20

图 2-81　华为升压配电盒

（3）交转直电源设备

部分场景无法安装直流设备，即无法提供−48V 电源，因此需增加交转直电源设备，如华为 OPM50M，可将 220V AC 转成−48V DC 供通信设备使用，其产品实物和特性如图 2-82 所示。

参数	OPM50M VER.B
功能	将220V AC转为−48V DC，给BBU3910A或宏站DC RRU或AAU供电
尺寸	400mm×100mm×300mm（高×宽×长）
质量	12kg
防护	IP65
AC输入	1路220V AC/380V AC输入接口，支持现场做线。 输入电源线：2.5方电缆
DC输出	输出功率：3000W。 输出端口：5路DC输出接口，支持现场做线，支持3.3～8.2方双芯屏蔽电缆
供电能力	1. 支持给3个RRU供电； 2. 支持给2个AAU5612供电
安装方式	支持独立挂墙、抱杆、旗装、平装
室外应用防雷	内置防雷，不需要额外配置防雷模块
监控	RS-485/干接点/PLC（电力监控）
接地线	16方

图 2-82　交转直电源设备实物及特性

交转直电源设备安装位置如图 2-83 所示，可安装于 RRU 底部，其广泛用于室外宏站中。

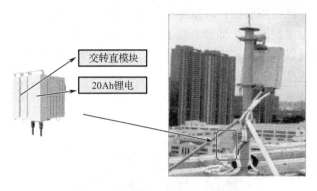

交转直模块

20Ah锂电

图 2-83　交转直电源设备安装位置

（4）交流防雷盒

若户外天馈采用交流 RRU，或采用上述交转直电源设备，需给交流设备安装防雷设备，如华为交流 RRU 防雷盒 SPM60A，也称为 Mini SPD，其嵌入交转直模块示意图和产品特性如图 2-84 所示。

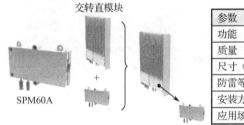

交转直模块

SPM60A

参数	指标
功能	实现交流电源的防雷保护功能，用于交流RRU室外场景
质量	≤1.5kg
尺寸（宽×高×深）	500mm×87.5mm×174mm
防雷等级	交流60kA
安装方式	抱杆和挂墙安装，SPM60A发货已包含安装件
应用场景	配套交流RRU室外应用

图 2-84　交流防雷盒嵌入交转直模块示意图及产品特性

2. 智慧灯杆

近年来，得益于摩尔定律和软件技术的发展，基站有源设备不断集成化、小型化，尺寸越来越小，价格越来越低；不遵循摩尔定律的部分，如站址租金、土建费、电费、人工运维费等成本却越来越高。

智慧灯杆作为 5G 工程建设的新模式，也是运营商降本增效最有利的途径。道路是城市的"经脉"，而路灯杆是部署 5G 和物联网的最佳载体，智慧灯杆将成为智慧城市的最佳入口。智慧灯杆项目依托市政设施中数量最多、覆盖最广的路灯杆，为智慧城市建设提供必备的供电资源、发达的通信网络与无处不在的无线网络，也为智慧照明、绿色减排、新能源汽车与手机充电、无线城市、公共安全等诸多领域提供新型设施和便利条件。

灯杆基站将是 5G 的主要部署形态之一。5G 网络将按波次部署，第一波次仍以宏站为主，5G 灯杆基站的部署在第二波次，预计 2020 年以后初步形成规模。智慧灯杆单元设计不仅要考虑如何放置 5G 基站，还需要综合考虑设备散热、防水、抗信号衰减等因素。同时 5G 相关的应用，如智慧医院、智慧社区、车联网等将会跟智慧灯杆产生密切的联系，因此第五代通信建设和新型智慧城市建设的到来，对于智慧灯杆产业的发展将是一个非常好的契机。

智慧灯杆不再是一根简单的杆子，"一根杆上挂多个设备"仅是简单的物理叠加，不应该被称为"智慧"，它所承载的业务相当复杂，既要具备通信功能，还要具备环境监测、公安监控等功能，如图 2-85 所示为华为智慧灯杆产品，其包括了 **NB-IoT 智能灯控、5G 微波、4G/5G AAU、气象传感器、智能视频监控、LTE 屏、电源**等模块。智慧灯杆绝不仅仅等同于通信杆，通信杆只是智慧灯杆中重要的一个部分。有了"灯""杆""基站"，那么智慧灯杆的基本要求就具备了，接下来就可以依次按需搭载环境监测、公安监控等其他业务模块。

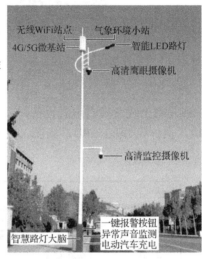

图 2-85　华为智慧灯杆产品

智慧灯杆可利用市政资源，成本费用共担，运维简便。各大城市均将 5G 建设纳入了市政基础建设之一，大力支持 5G 的建设及相关产业的发展，从政策和资金都大大支持运营商开展智慧灯杆的建设和运营，其降本增效方面的成效可表现在以下几个方面。

（1）政策上大力支持运营商开展智慧灯杆的建设，免租金，免选址费，电费减半，甚至由政府出资建设智慧杆体，相关单位只需将其设备安装上去即可，运营商各项成本大大降低。

（2）智慧灯杆的实施可以减少本地网接入层，因为接入层需深入到小区、大楼，不仅费用高昂，且开挖管道易引起居民的反感，因此智慧灯杆只需在杆体底部预留传输接口即可，不需深入到小区，大大减少了接入层的成本，如图 2-86 所示。

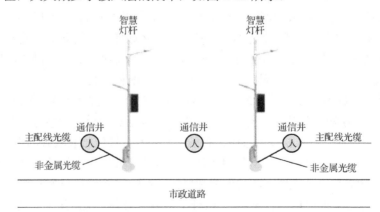

图 2-86　智慧灯杆光缆部署

（3）智慧灯杆的实施可以方便通信检修设备的安装，其工程实施周期短，建设难度低，检修方便快速，进度不再受制于铁塔部门的选址及配套建设，往往可以成片安装与维护。同时 BBU 集中在 C-RAN 机房，可大大节约租金和电费。

（4）智慧灯杆能够帮助运营商完成原有站址的替换，将原有高租金高电费的站点搬迁至智慧灯杆上，实现"双免"，即免租免电，虽前期需要一笔搬迁费用，但投资回收周期短。

除了智慧灯杆，交通设施上也可安装 5G 天线。日本政府将开放全日本约 20 万交通信号指示灯杆，允许日本四大移动运营商在交通信号指示灯杆上安装 5G 天线。如图 2-87 所示，红绿灯杆、交通标识、道路指示牌均可用于 5G 部署。

图 2-87　交通设施安装 5G 天线

2.3.3　5G 室分设备

5G 室分摒弃了无源分布系统方案，即不再使用 4G 分布系统的功分器、耦合器、合路器、天线等无源设备。5G 分布系统采用有源分布系统，即 BBU 与天线之间采用光纤（无源系统采用馈线）传输，无损耗，无须再经过复杂的功率平衡计算。

5G NR 建设以分布式皮飞基站为主，采用 4×4MIMO。天线采用 pRRU，并由 P-Bridge 为其统一以 POE 供电，参数如表 2-23 所示。

表 2-23　pRRU、P-Bridge 产品及特性

pRRU		P-Bridge PB1120	
支持频谱	2515～2675MHz	尺寸	66mm×410mm×306mm
天线类型	集成全向天线	质量/体积	7kg/8L
RF 输出功率	50mW～250mW/发射通道	供电方式	100V AC～220V AC
通道数	NR：4T4R；LTE：2T2R	功耗	70W（不含 POE 对外供电）
RF 带宽	OBW：100MHz；IBW：100MHz	防护等级	IP41

尺寸	210mm×210mm×55mm，体积为2L， 质量为2kg	接口说明	4 个 SFP 光口（OF1 连接 BBU，OF4 用于 PB1000 级联，其余 2 个保留），8 个 RJ45 接口（支持 POE 供电），1 个 Debuging 口，1 个 EX-GPS 接口（预留）、1 个 AC 电源口
前传接口	2×9.8GHz		
功耗	<80W		
供电方式	POE++		

pRRU：远端射频单元，外形简洁美观，内置集成天线（也可以使用外接天线），支持 2×2MIMO（LTE）或 4×4MIMO（NR），仅需通过网线与 P-Bridge 连接（作用：对 POE 供电和光电转换）。

P-Bridge：远端汇聚单元，传输转换设备，实现以太网接口与光口间的信号转换。

如图 2-88 所示为中兴 pRRU 主要产品及特点，如图 2-89 所示为华为 LampSite 数字化室分产品及特性。

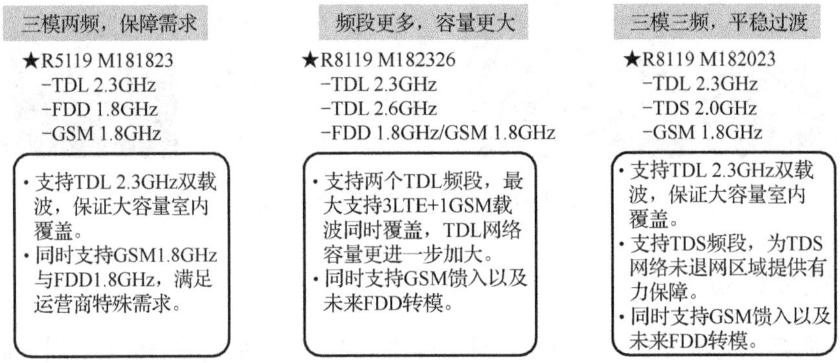

三模两频，保障需求	频段更多，容量更大	三模三频，平稳过渡
★R5119 M181823 −TDL 2.3GHz −FDD 1.8GHz −GSM 1.8GHz	★R8119 M182326 −TDL 2.3GHz −TDL 2.6GHz −FDD 1.8GHz/GSM 1.8GHz	★R8119 M182023 −TDL 2.3GHz −TDS 2.0GHz −GSM 1.8GHz
·支持TDL 2.3GHz双载波，保证大容量室内覆盖。 ·同时支持GSM1.8GHz与FDD1.8GHz，满足运营商特殊需求。	·支持两个TDL频段，最大支持3LTE+1GSM载波同时覆盖，TDL网络容量更进一步加大。 ·同时支持GSM馈入以及未来FDD转模。	·支持TDL 2.3GHz双载波，保证大容量室内覆盖。 ·支持TDS频段，为TDS网络未退网区域提供有力保障。 ·同时支持GSM馈入以及未来FDD转模。

图 2-88 中兴 pRRU 主要产品及特点

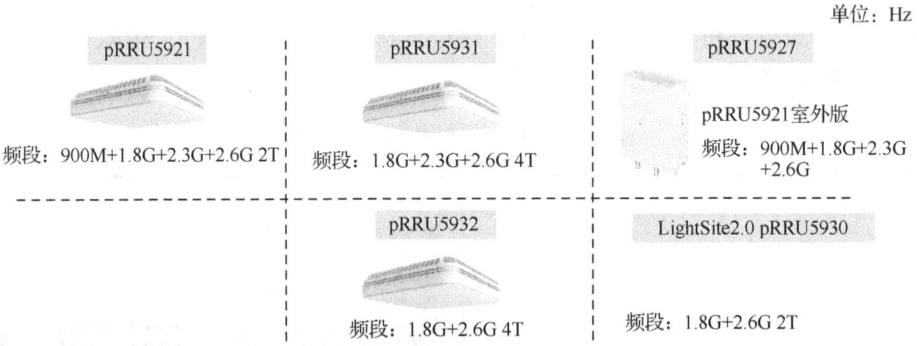

单位：Hz

pRRU5921 频段：900M+1.8G+2.3G+2.6G 2T

pRRU5931 频段：1.8G+2.3G+2.6G 4T

pRRU5927 pRRU5921室外版 频段：900M+1.8G+2.3G+2.6G

pRRU5932 频段：1.8G+2.6G 4T

LightSite2.0 pRRU5930 频段：1.8G+2.6G 2T

5G设备型号	pRRU5921	pRRU5931	pRRU5932	pRRU593X
支持频段/Hz	900M+1.8G+2.3G+2.6G 2T	1.8G+2.3G+2.6G 4T	1.8G+2.6G 4T	2.6G 4T
瞬时带宽/Hz	900M：20M；1.8G：25M； 2.3G：50M；2.6G：100M	1.8G：25M； 2.3G：50M；2.6G：100M	1.8G：25M； 2.6G：100M	2.6G：100M
发射功率	900M：2×100mW； 1.8/2.3/2.6G：2×250mW	1.8/2.3G：2×250mW； 2.6G：4×250mW	1.8G：2×250mW； 2.6G：4×250mW	2.6G：4×250mW
模块能力	6L+1DCU_G+1NR 100M	2L+1NR 100M； 4L+1NR 80M； 3L+1DCU+1NR 80M	2L+1NR 100M； 3L+1NR 80M； 2L+1DCU+1NR 80M	1NR 100M
上市时间	TDD六期	2019年1月	2019年1月	2019年3月

图 2-89 华为 LampSite 数字化室分产品及特性

每个 P-Bridge 最多可支持 8 个 pRRU，各厂家 BBU 设备可支持 pRRU 数量及 RRU 数量如表 2-24 所示，设计方案时可依据此配置 BBU、P-Bridge 和 pRRU 数量。

表 2-24　各厂家 BBU 设备支持 pRRU 数量及 RRU 数量

厂家	载波配置（单小区）	支持基带板数量	支持载波数	支持最大 pRRU 数	支持 RRU 数量—FAD 设备	支持 RRU 数量—E 设备
华为	单载波	6	72	192	36	72
	双载波			96	24	UBBPe8：36 / UBBPe8：72
	三载波			64	12	UBBPe8：24 / UBBPe8：48
爱立信	单载波	2	DUS41 支持 12 个载波，配置 5216 可支持 36 个载波	DUS41：96 / 5216：288	/	DUS41：12 / 5216：36
	双载波			DUS41：48 / 5216：144	/	DUS41：6 / 5216：18
	三载波			DUS41：32 / 5216：96	/	DUS41：4 / 5216：12
中兴	单载波	6	72	96		BPN2：72 / BPQ2：72
	双载波			48		BPN2：36 / BPQ2：72
	三载波			32		BPN2：24 / BPQ2：48

 实践窗口

（1）参观不同设备厂家的基站，如华为、中兴、爱立信等，选择多系统制式的站点，认识基站设备并掌握其基本工作原理。

（2）在基站现场描绘各设备及连线，着重观察各设备或单板型号、布线方式、电源模块、天线类型及型号、设备安装位置。

（3）区分天面上不同系统的天线、跳线、RRU，注意观察天线端口，注意请远离微波设备正面。

（4）参观室内分布系统站点，认识信源主设备、室分 RRU、功分器、耦合器、合路器、pRRU、P-Bridge、各类馈线，重点观察各设备的安装位置。

（5）整理华为、中兴、爱立信主设备（BBU、RRU、天线）各项资料，包括照片、型号、单板、功能、功耗、尺寸、特点等。

（6）系统整理电源、杆体、其他配套设备的各项资料，包括照片、型号、单板、功能、功耗、尺寸、特点等。

第3章 5G 网络规划部署

随着技术标准的定型、商用牌照的颁发，全国 5G 大规模建设即将开展，5G 网络规划部署被提上日程。考虑到 5G 技术的特点，运营商根据现有电力、传输、配套基础建设条件以及业务预测的网络周期等因素采取合适的部署策略，快速高效地部署网络是明智的选择。部署策略需要考虑的因素包括频谱（也称频段）重耕、网络建设布局、网络架构和设备的选型、市场运营策略等。

3.1 5G 网络长期演进策略

目前我国三大运营商现网均有 2G/3G/4G/NB 系统，各系统运行的频谱、带宽资源、性能千差万别，大部分频谱需重耕、退网、耦合等；宏站、室分、微小站点组网布局复杂；语音、VoLTE、数据流量交织在一起；单载波、双载波、多载波扩容形式多样。这些都需要精心布局规划。目前三大运营商明确表示，即将到来的 5G 时代，网络演进目标是建设"4G+5G"两张网，2G 和 3G 逐步实现退网，将频率用于 4G 和 5G。

3.1.1 网络制式布局

中国移动表示 2G、NB-IoT、TDD、FDD、5G 将长期并存，其中 900MHz 低频仍将保留 GSM 和 VoLTE 用于语音，900MHz 频段中只需分配 5MHz 带宽给 VoLTE，其效果甚至要强于 2GHz 以上 45MHz 带宽的 VoLTE，如图 3-1 所示，剩下可用频谱可重耕用于 FDD 和 NB。

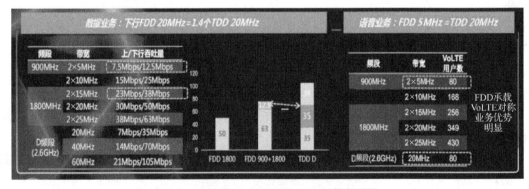

图 3-1　900MHz、1800MHz、2.6G 性能对比

1800MHz 频段除仍将保留少部分给语音外，其余划分给 FDD 使用。2100MHz A 频段清频退网后将用于 5G 组网。此外，中国移动还获得了 4.9GHz 100MHz 带宽的频谱，可用于 5G 微小站吸收高流量话务。24GHz 短距离毫米波通信亦是当前讨论的热点，其高达 1GHz 的带宽能力，可以为用户提供超强的业务能力，可广泛用于工业制造、人工智能、高清 AR 等垂直行业，有利于拓展运营商的盈利渠道，其技术标准及网络部署将在 2021 年之后开始。各种网络制式部署如图 3-2 所示。

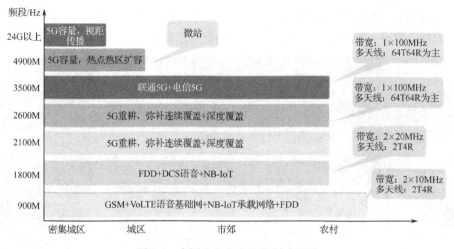

图 3-2　中国移动各种网络制式部署

中国联通发布的《5G 基站设备技术白皮书》指出，5G 目标网以 3.5GHz 频段作为城区连续覆盖的主力频段，2.1GHz 频段可用于提高 5G 覆盖及容量补充，后续新申请的毫米波频段 26GHz+40GHz 作为城区数据热点的重要补充。4G 目标网以 900MHz 和 1800MHz 频段作为主要频段，900MHz 频段主要用于广覆盖（兼顾 NB-IoT、eMTC 等物联网业务），1800MHz 频段为 LTE 网络容量层（远期根据 4G 业务量情况逐步重耕用于 5G）。

3.1.2　分层网络部署

如图 3-3 所示，通过三层网络部署实现立体覆盖，即一层宏站解决室外及室内浅层覆盖；二层微站用于室外补盲补热及室内深度覆盖；三层室分及皮站解决室内深度覆盖。因此移动通信工程建设基本按这条主线来推进，即宏站工程建设、微小站工程建设、室内分布系统工程建设。每个项目按照年度投资计划分步进行，5G 前期仍沿用 4G 建设方式，即优先大规模宏站工程建设，满足室外用户的需求和用户感知，后期再按需部署微小站址和室分站址，待毫米波技术完善，再按需部署毫米波站址。

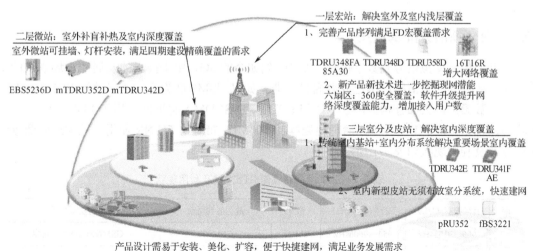

图 3-3　5G 三层网络布局

未来面向 5G 商用网络的全系列解决方案如图 3-4 所示,按不同热点话务容量划分成不同的片区,宏站、室分、微站、毫米波按不同的场景分层部署。

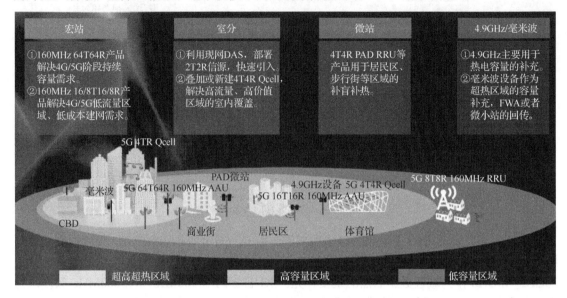

图 3-4   5G 商用网络的全系列解决方案

5G 宏站将采用不同型号的 AAU 设备来满足不同的应用场景:64T64R AAU 设备主要用于密集城区及高容量热点场景覆盖;32T32R AAU 设备用于一般城区中高层楼宇的场景覆盖;16T16R 不支持垂直立体覆盖,主要用于一般城区低层楼宇、郊区和农村等场景覆盖;8T8R RRU 设备初步考虑可作为高铁覆盖场景的备选方案,也可以考虑用于农村场景覆盖;4T4R RRU 设备考虑用于无源系统,作为地铁和高铁隧道场景下泄露电缆的信源输入,后续也考虑应用于室外密集组网场景。

3.2   频谱部署策略

3.2.1   现有频谱分配及应用

移动通信从模拟信号到数字信号,从 1G 到如今的 5G,由于技术的发展和市场需求的变化,其最初规划的频谱用途早已变得面目全非。如以 GSM900 为主的语音改为 FDD VoLTE,只保留少数频点,大部分频点用于 NB 和 FDD;TD-SCDMA 将退网,用于 FDD,移动 D 频段将 D1、D2 移频至 D4、D5 以清理出连续的 100MHz 带宽给 5G NR 使用。三大运营商频谱分配方案及利用现状如表 3-1 所示。

表 3-1   三家运营商频谱分配方案及利用现状

运营商	上行频率(UL)	下行频率(DL)	带宽	最初规划用途	目前实际用途
中国联通	909~915MHz	954~960MHz	6MHz	GSM900	GSM&FDD&NB 共模
	1745~1755MHz	1840~1850MHz	10MHz	GSM1800	GSM&FDD 共模
	1940~1955MHz	2130~2145MHz	15MHz	WCDMA	WCDMA&FDD 共模

续表

运营商	上行频率（UL）	下行频率（DL）	带宽	最初规划用途	目前实际用途
中国联通	2300～2320MHz	2300～2320MHz	20MHz	TD-LTE	未使用
	2555～2575MHz	2555～2575MHz	20MHz	TD-LTE	未使用，计划转给移动 5G 使用
	1755～1765MHz	1850～1860MHz	10MHz	FDD-LTE	FDD
	3500～3600MHz	3500～3600MHz	100MHz	5G	5G
中国电信	825～840MHz	870～885MHz	15MHz	CDMA	FDD&DO&X1&NB 共模
	1920～1935MHz	2110～2125MHz	15MHz	CDMA2000	FDD
	2370～2390MHz	2370～2390MHz	20MHz	TD-LTE	基本没用
	2635～2655MHz	2635～2655MHz	20MHz	TD-LTE	基本没用，计划清频给移动 5G 使用
	1765～1780MHz	1860～1875MHz	15MHz	FDD-LTE	FDD
	3400～3500MHz	3400～3500MHz	100MHz	5G	5G
中国移动	885～909MHz	930～954MHz	24MHz	GSM900	GSM&FDD&NB 共模
	1710～1725MHz	1805～1820MHz	15MHz	GSM1800	GSM&FDD&NB 共模
	2010～2025MHz	2010～2015MHz	15MHz	TD-SCDMA	清频退网，用于 FDD
	1880～1890MHz	1880～1890MHz	10MHz	TD-LTE（F 频段室外）	TD-LTE（F 频段室外）
	2320～2370MHz	2320～2370MHz	50MHz	TD-LTE（E 频段室内）	TD-LTE（E 频段室内）
	2575～2635MHz	2575～2635MHz	60MHz	TD-LTE（D 频段室外）	移频用于 5G
	2515～2675MHz	2515～2675MHz	160MHz	5G&LTE-D 频段	5G&LTE-D 频段
	4800～4900MHz	4800～4900MHz	100MHz	5G	5G

3.2.2　5G 频谱分配

5G 频谱具体分配如图 3-5 所示。

中国移动：2515～2675MHz，4800～4900MHz；低频 160MHz，中频 100MHz。

中国电信：3400～3500MHz；低频 100MHz。

中国联通：3500～3600MHz；低频 100MHz。

室内：3300～3400MHz。

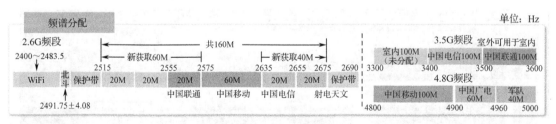

图 3-5　国内 5G 频谱分配

世界上部分国家和地区 5G 频谱划分如图 3-6 所示，其中低频主要集中在 3.5GHz，高频集中在 28GHz。美国 Spring 公司也采用 2.6GHz 组网。

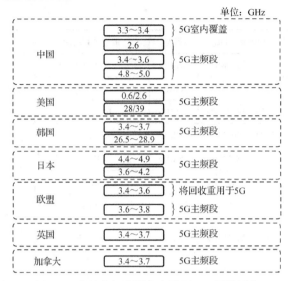

图 3-6　世界上部分国家和地区 5G 频谱划分

3.2.3　5G 频谱优劣势分析

不同频谱段意味着不同规模的 5G 建网投资，原则上频段越高，基站密度要求越高，建网投入越大。中国联通和中国电信获得了国际上主流的 3.5GHz 频段组网，一方面产品技术成熟，产业链成熟，国际协同好；另一方面该频段为新增频段，与现网频谱不重叠，组网简单，缺点是需新建大量站点，投资成本大。

中国移动获得了两个频段，其中 2.6GHz 频段更低，可以以更少的站址实现更优的覆盖。2.6GHz 频段虽然产业成熟度差，不利于国际漫游，但以中国移动庞大的用户和网络规模，产业链落后的局面将很快扭转。另中国移动已部署了大量的 TD-LTE 设备，在 5G 建设中也将会有速度优势。因为采用 2.6GHz 低频组网，5G 站址只需和 LTE 站址按 1∶1 规模组网，对天馈系统和主设备进行升级，通过 Massive MIMO 可以大幅提高 5G 覆盖能力，可以充分复用 4G 站址以及配套资源，获得快速网络部署优势。

中国移动 2.6GHz 频段最大的劣势就是该频段复杂，需进行频谱重耕。如图 3-7 所示，已获得的 160MHz 带宽中，中国联通 TD-LTE 占用了 20MHz（2555～2575MHz），中国电信 TDD 占用了 20MHz（2635～2655MHz），中国移动自身 TD-LTE D 频段占用了 60MHz（2575～2635MHz），如此复杂的频谱给 5G 规模组网带来了困扰，需要将相应的频谱进行清频或移频。

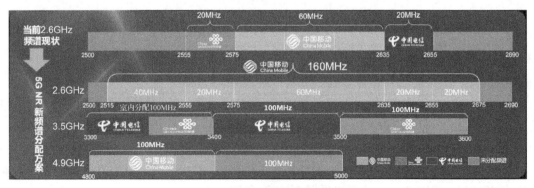

图 3-7　5G 三大运营商频谱划分方案

3.2.4　2.6GHz 频谱重耕策略

中国移动获得 2515～2675MHz 共计 160MHz 带宽，其中的 2635～2655MHz 共计 20MHz 带宽。中国电信已开启了 3～5 万个基站，需与中国电信开展协调退频，短时间内无法完成。中国联通 2555～2575MHz 共计 20MHz 带宽只有几个试点基站，中国移动计划用 949～954MHz 的 5MHz 低频给中国联通以换取此频段 20MHz 带宽。置换后，可形成连续 60MHz 带宽的组网能力。

中国移动 D 频段全国共有几百万个基站，均承载在 2575～2635MHz 共计 60MHz 的 D1、D2、D3 频点，其中在 2575～2595MHz 的 D1 频点部署了 65%的 D 频段基站，如图 3-8 所示。

	频段	带宽	应用场景	双工方式	现网使用情况
4G	D1	20MHz	室外	TDD	4G重要频段，大部分城市D1为容量频点，D2、D3为补热频点
	D2	20MHz	室外	TDD	
	D3	20MHz	室外	TDD	
	F1	20MHz	室外	TDD	4G主力覆盖/容量频段，F1应用较多，F2有少部分应用
	F2	10MHz	室外	TDD	
	E1	20MHz	室内	TDD	4G室内主力覆盖/容量频段，E1、E2应用较多
	E2	20MHz	室内	TDD	
	E3	10MHz	室内	TDD	
	A	15MHz	室外/内	TDD	原TD-SCDMA频段，暂闲置，频谱覆盖性与F频段相近
	B3	1800 20MHz×2	室外/内	FDD	4G容量层，刚启动部署
	B8	900 5MHz×2	室外/内	FDD	4G基础覆盖增加，承载语音和小数据包
2G NB-IoT	B3	1800 5MHz×2	室外/内	FDD	2G容量频点
	B8	900 14MHz×2	室内外	FDD	2G、NB-IoT主力频段

图 3-8　中国移动主力部署频点

以广东省某市移动公司为例，其 D 频段基站数约占室外宏站的 56.6%（6497/（4970+6497）），吸收话务量约占 TD-LTE（含室内站）的 41.14%，而 D 频段中的 54%只开通了 D1 频点，如图 3-9 所示。

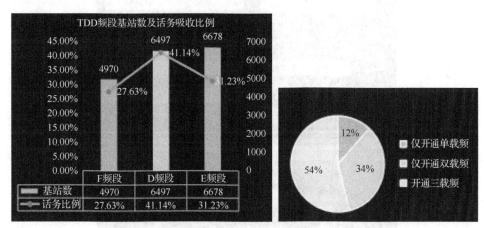

图 3-9　广东省某市移动公司 TDD 现网频率分布情况

中国移动获得了 FDD 牌照后，能够吸收很大一部分流量，但 D 频段仍是目前 4G 吸收流量的主力，不可能一步移频到位，因此 5G 组网将分几步走，如图 3-10 所示。

第一步：首先在 2515～2575MHz 共计 60MHz 带宽开展网络部署，虽带宽能力下降很多，但初期手机终端用户感知无差异。

第二步：国家政策要求中国电信加快 2.6GHz 的清频，同时中国移动按计划分步骤将 4G 频段由 D1、D2 向 D4、D5 移频，最终形成 100MHz 的规模组网能力。

第三步：5G 市场应用完全成熟，针对高端 VIP 手机用户和更高速率更大容量需求的企业，将 D4、D5 清频直接用于 5G，形成 160MHz 的规模组网能力，以开拓高端客户群和加快垂直行业的发展。

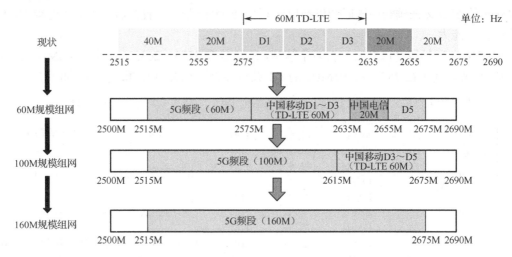

图 3-10　中国移动 2.6GHz 频谱重耕步骤

3.2.5　其他频谱重耕策略

除 5G 频谱外，其他频谱也将依据市场需求、网络结构、政策等因素的变化来调整，如图 3-11 所示。

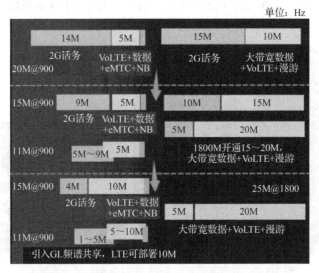

图 3-11　中国移动 900MHz+1800MHz 清频策略

3.2.6　动态频谱共享

动态频谱共享，是爱立信独创的一项技术，它基于特有的智能调度算法，可在现有的 4G

载波中快速引入 5G，根据流量需求让 4G 和 5G 用户动态使用相同的频谱资源。

4G LTE 低频段是黄金频段，具备覆盖优势，如果将这些低频段重耕为 5G 使用，5G 广覆盖的问题也就解决了。但是，未来 4G 和 5G 将长期共存，4G 不可能在短时间内退网，要想在 4G 频段全部给 5G 使用，当然是不现实的。有了动态频谱共享技术，4G 和 5G 共享 4G 低频资源，不仅可充分利用宝贵的低频段，快速实现 5G 广覆盖，还有利于 4G 向 5G 平滑演进。

早期大多数用户使用 4G 手机，会占用大量的共享频谱资源；随着 5G 用户的增长，5G 用户占用的共享频谱资源越来越多，就这样一步一步将现有 4G 频谱平滑地迁移到 5G 上，既最大限度地减少了频谱浪费，充分利用现有资产，也保护了 5G 投资。

工程中若采用全新的 5G 频段建网，需新建大量天线，尤其在城区，90%的基站天面已没有空间，难以充分发挥 5G 的潜力，而采用 4G/5G 频谱共享，可快速形成 5G 广覆盖。

3.3　CU/DU 部署策略

5G 由于有高带宽、低时延和多连接等不同的业务需求，将推动基站结构发生变化，BBU 功能被重构为 CU 和 DU 两个功能实体。CU 集成了核心网的部分功能，构成控制单元，融合了一部分从核心网下沉的功能；DU 的基带部分功能更靠近用户，部分物理层功能移至 RRU。5G 时代 RRU 和天线合并成了 AAU，如图 3-12 所示。

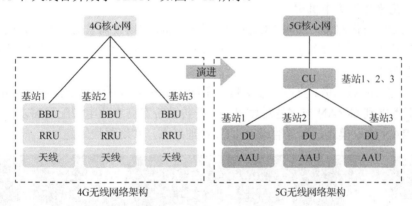

图 3-12　网络架构的变化

BBU 中的物理底层下沉到 AAU 中处理，对实时性要求高的物理高层、MAC、RLC 层放在 DU 中处理，而把对实时性要求不高的 PDCP 和 RRC 层放到 CU 中处理。

对于时延要求不高的 eMBB 和 mMTC 业务可以把 CU 和 DU 分开来在不同的地方部署，而时延要求极低的 URLLC 业务，CU 和 DU 必须合在一起以减少时延。5G 前期聚焦 eMBB 业务，但如果考虑与现有 4G BBU 物理架构相一致有利于快速开通 5G 基站，而专门为 CU 建设新的数据中心，则成本太大且周期过长。因此 5G 工程建设的前期仍会继续采用 CU 和 DU 合设的方式，后续随着 5G 的发展和新业务的拓展，才会逐步进行 CU 和 DU 的物理分离。

DU 和 CU 可以根据业务场景和传输资源匹配情况灵活部署，传输资源充分可集中部署 DU，传输资源不足可分布部署 DU。当遇到低时延场景时，DU 可与 AAU 集成部署，同时还可以 DU/CU/AAU 集成部署。

CU 和 DU 目前有三种部署方式，如图 3-13 所示。

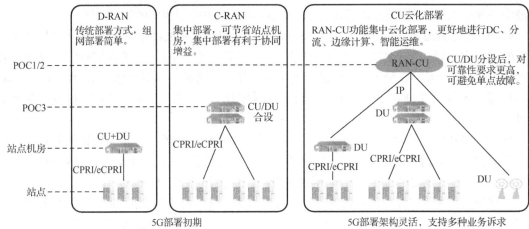

图 3-13　CD/DU 部署方式

第一种 D-RAN 为最典型的场景，为传统部署方式，组网部署简单，即将 DU 和 CU 合设后放置在天线端。

第二种 C-RAN 也是 4G 和 5G 常用的部署方式，即 CU 和 DU 合设后放置在集中机房，通过光纤拉远方式控制天线端，这种方式可节省站点机房，有利于协同增益，但对机房可靠性要求极高，必须充分保障电源的可靠供给和安全，必须有足够的带宽资源，通常采用传输机房或汇聚机房来作为集中机房。

第三种为 CU 云化部署，即将 CU 和 DU 拆分，DU 按场景需求灵活布放，而 CU 放置在核心机房或汇聚机房，这种部署方式未来将广泛应用于 URLLC、mMTC 的低时延、高可靠性、大连接业务中。

三种部署方式所需机房、光纤、配套资源不同，如图 3-14 所示，前期部署尽量以 C-RAN 方式为主，但考虑到 C-RAN 方式选址困难，光纤传输带宽需求和电源配套需求高等特点，常常会选择 D-RAN 建设模式，以兼容现有 LTE 物理形态，实现更快地建站。

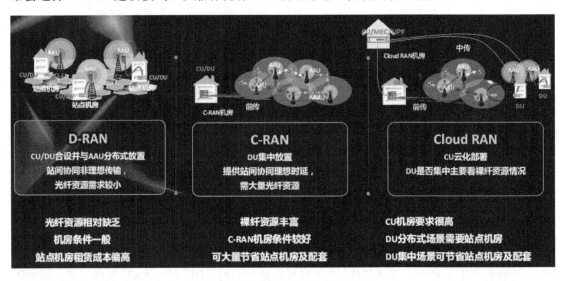

图 3-14　三种部署方式光纤需求

若采用 CU 和 DU 分设部署方式，按不同场景 CU 可部署在不同位置。需提供超低时延的业务场景（如直播业务、自动驾驶业务等），建议 CU 部署在网络边缘（图 3-15 机房 1、2 位置），尽可能靠近用户；需要小区间深度协同的场景（如高速高铁、UDN、4G/5G 双连接等），建议 CU 部署在网络上层（图 3-15 机房 3、4、5 位置），便于统一管理维护。

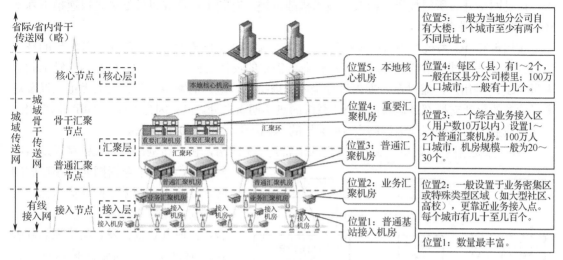

图 3-15　CU 部署位置

3.4　SA/NSA 部署策略

4G 迈向 5G 不再是核心网与无线接入网"整体式"演进方式，而是把两者"拆开"了，包括 NSA（非独立组网）和 SA（独立组网）两种部署方式，NSA 架构如图 3-16 所示。

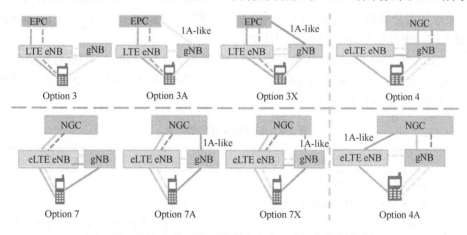

图 3-16　NSA 架构（实线为用户信令，虚线为控制信令）

NSA（非独立组网）模式：非独立组网指的是使用现有的 4G 基础设施，进行 5G 网络的部署。

2017 年年底 3GPP 如期完成了基于非独立组网（NSA）架构的 5G 新空口（5G NR）标准。基于 NSA 架构的 5G 载波仅承载用户数据，控制信令仍通过 4G 网络传输，其部署可视为在现有 4G 网络上增加新型载波进行扩容，主要架构包括 Option 3、Option 4、Option 7 等几种，如图 3-16 所示，工程中优先选用 Option 3X。运营商可根据业务需求确定升级站点和区域，不一定需要完整的连片覆盖。同时，由于 5G 系统与 4G 系统紧密结合，5G 载波与 4G 载波间的业务连续性有较强保证。在 5G 网络覆盖尚不完善的情况下，NSA 架构有利于保证用户的良好体验。可见 NSA 架构的 5G 系统可以有效满足运营商在现有经营模式下的发展需求，而且网络升级所需投资门槛低，技术挑战可控，有利于运营商以较低风险快速推出基于 5G 的移动宽带业务。

重用现有 4G 系统的核心网与控制面，NSA 架构将无法充分发挥 5G 系统低时延的技术特点，也无法通过网络切片实现对多样化业务需求的灵活支持。由于 4G 核心网已经承载了大量 4G 现网用户，难以在短期内进行全面的虚拟化改造，而网络切片、全面虚拟化以及对多样业务的灵活支持都是运营商对 5G 系统的热切期盼之处。也正因为如此，3GPP 才在 NSA 架构完成后，马不停蹄地继续制定 SA 架构的 5G 标准，已于 2018 年完成。

SA（独立组网）模式：独立组网指的是新建 5G 网络，包括新基站、回程链路以及核心网。SA 引入了全新网元与接口的同时，还将大规模采用网络虚拟化、软件定义网络等新技术，并与 5G NR 结合，同时其协议开发、网络规划部署及互通互操作所面临的技术挑战将超越 3G 和 4G 系统。网络构架包括 Option 2、Option 5，以 Option 2 为当前可行的方案，如图 3-17 所示。

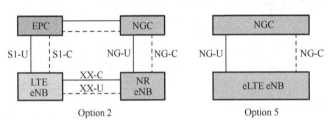

图 3-17　SA 组网架构

NSA 和 SA 不但是 5G 启动阶段的两种架构选项，也反映了稳妥谨慎和积极进取这两种不同的 5G 启动思路。在不同思路指引下，运营商可在 NSA 和 SA 架构之间有所侧重，形成不同的 5G 启动路径。同时也必须看到，NSA 架构仅是从 4G 向 5G 过渡的选项，而 SA 架构才是 5G 发展的真正目标。虽然 NSA 架构在启动阶段的风险较小，但后续向 SA 架构的过渡仍需大量工作，也存在相当多的不确定因素。

总之，NSA 模式将 5G 的控制信令锚定在 4G 基站上，仍使用 4G 的核心网资源；在 SA 方案中，5G 基站直接接入 5G 核心网，控制信令完全不依赖 4G 网络。NSA 是 5G 网络的过渡方案，SA 是 5G 最终目标架构，其优劣势对比如表 3-2 所示。

表 3-2　SA/NSA 优劣势对比

类　型	优　势	劣　势
SA	建网一步到位，最终成本低； 网络质量好（以 2Mbps 边缘速率为例，SA 64TR 上行覆盖半径达 245m，NSA 为 168m）； 建网简捷，独立运营； 支持 URLLC、mMTC 业务，支持微型服务、网络切片、网络虚拟化，可控制和用户平面分离及超低延迟； 终端单连接，功耗小； 实现更高的每用户平均收入（ARPU）	产业成熟度不高，支持的手机终端不多； 不利于 4G 投资保护； 不利于 LTE 和 NR 组网； 部署慢，不利于快速建网

续表

类　型	优　势	劣　势
NSA	利于低、高频段组网； 利于 LTE 和 NR 组网； 利于 Massive MIMO 和 C-RAN 结合组网； 同时保护 4G 资产和 5G 投资； 产业成熟度高，支持的终端多； 部署快，有利于快速抢占市场	需要二次改造，终极成本高； 不支持 URLLC、mMTC 业务； 终端需要双连接，功耗大； 网络结构复杂

从上述表格可知，SA 和 NSA 各有优劣势。国内三大运营商中，中国电信将优先选择 SA 方案组网，通过核心网互操作实现 4G 和 5G 网络的协同。中国移动支持 SA/NSA 两种模式协同组网。中国联通明确表态支持 NSA，NSA 是经济而快速的方案，如图 3-18 所示为中国联通 NSA 组网方案。

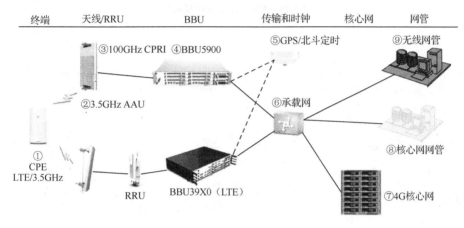

图 3-18　中国联通 NSA 组网方案

国际方面，韩国三大运营商、美国运营商 Verizon、英国运营商 EE、日本运营商 NTT DoCoMo 和 KDDI 选择的是 NSA，日本运营商乐天移动选择了 SA。因此目前多数运营商选择 NSA 组网，即利用现有 LTE 无线接入和核心网络支援行动性管理与覆盖，但最终都将走向 SA 模式。

对于基站侧，SA 方案对现网改造少，且支持不同厂家。NSA 方案对现网改造多，新增的 BBU 基带板和主控板需与原 LTE-BBU 相连互操作，实现 4G/5G 的双连接，因此主设备必须是同厂家的，同时双连接必然造成手机终端耗电量增大，如图 3-19 所示。

由于 NSA 是 5G 网络的过渡方案，SA 是 5G 最终目标架构。初期 NSA 需要二次升级至 SA，因此 NSA 组网累计投资成本更高，在同等规模部署下 NSA 多出 4 项额外工作及成本，即 EPC 升级扩容、4G 改造、NR 升级改造、传输重配置，如图 3-20 所示。但 NSA 能充分利用现有的传输网和核心网资源，可实现快速建站。

从整个网络侧来看，采用 NSA 还需引入 LTE NSA 升级、EPC+NSA 升级、NSA 网络优化、NR 升级、传输改造 5 项额外成本，如图 3-21 所示。随着技术的革新，目前设备厂家提供的 5G 基站设备都是双模的，既支持 NSA 也支持 SA，未来基站仅通过软件升级即可实现 NSA 到 SA 的演进，同时终端芯片亦同时支持 NSA 和 SA。

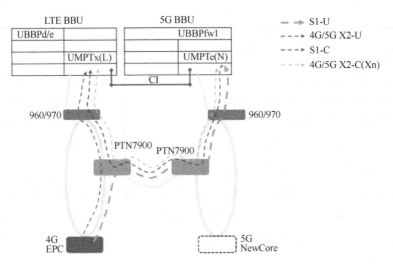

图 3-19　NSA 方案系统模拟图

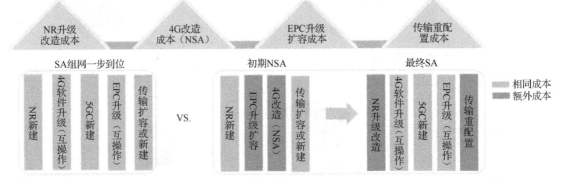

图 3-20　NSA 和 SA 组网现网改造方案

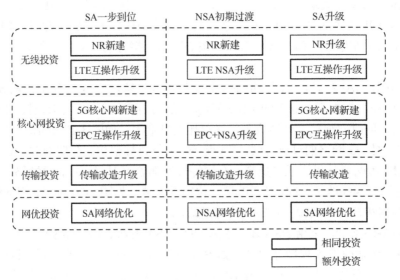

图 3-21　NSA 和 SA 改造投资成本对比

3.5　5G 站间距选取策略

3.5.1　5G 覆盖能力

5G 建设第一阶段,中国电信和中国联通采用的是 3.5GHz 频段,中国移动采用的 2.6GHz 频段。如图 3-22 所示为设备厂家测试上行边缘速率 2Mbps 站点的覆盖距离,在同速率情况下,NR 2.6GHz 64R 产品上行覆盖能力超过了目前 4G 覆盖最好的 FDD1.8GHz 4R;NR 3.5GHz 64R 产品较 FDD 1.8GHz 4R 的覆盖能力稍差,但比所有 TD 产品的均强;NR 4.9GHz 64R 产品覆盖能力较弱,但可与目前 LTE-D 频段的相当,这说明虽然 5G NR 采用的频率高,但覆盖能力更强。

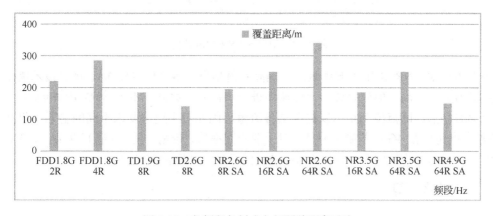

图 3-22　各频段各制式上行覆盖距离对比

5G NR 采用了上下行增强技术。其中 UE 上行采用了 26dBm 发射功率(LTE 为 23dBm),UE 采用了双天线(LTE 为单天线),基站侧采用的是 16T16R 和 64T64R 接收天线(LTE 为 2T2R 或 4T4R 天线),同时采用高维抗干扰技术,因此采用更高频段的 5G NR 的上行覆盖能力较 LTE 的更强。同理,5G NR 的下行覆盖能力亦更强,如表 3-3 所示。

表 3-3　5G NR 与 TD-LTE 的上下行覆盖能力对比

性　　能	上行覆盖能力对比		下行覆盖能力对比	
	TD-LTE	5G NR	TD-LTE	5G NR
发射功率	23dBm	26dBm	46dBm	53dBm
带宽/Hz	20M	100M	20M	100M
UE 天线	单天线	双天线	—	—
基站天线	2T2R、4T4R	16T16R、64T64R	2T2R、4T4R	16T16R、64T64R
抗干扰技术	16QAM、64QAM	256QAM	16QAM、64QAM	256QAM

中兴在广州大学城开通的全国第一个基站的 NR 测试数据如图 3-23 所示。在不同穿透区域测试的数据结果表明:NR 3.5GHz 的 UL 室外覆盖能力普遍好于 LTE 2.6GHz 的,但室内穿透能力变差。

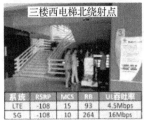
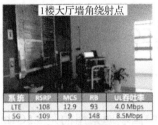

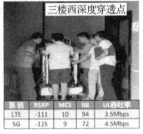

图 3-23　中兴 5G NR 实测数据

由上述可知，NR 采用了波束赋形、提高发射功率、多 MIMO、抗干扰等技术措施，使得覆盖能力大大提高。但如果要求上行速率进一步提升，达到 5Mbps 甚至 10Mbps 时，就必须加密部署站点、降点覆盖距离以提高话务流量。因此对于速率要求不高的普通手机业务，5G 站点密度可以在 4G 的基础上降低，对于要求速率快、带宽高的 5G 新兴业务，如 VR/AR、智能工厂、远程医疗等则要求在原有 4G 站址的基础上加密部署站点。

3.5.2　5G 链路预算

LTE 采用 Cost231-Hata 模型，其适用频段为 1500～2000MHz，后校正扩展到 2600MHz。而 5G 则采用 3D UMA 模型，其适用频段为 2～6GHz，其链路预算 PL 计算公式为

$$PL=161.04-7.1\lg w+7.5\lg h-24.37-3.7(h/h_{bs})^2\lg h_{bs}+(43.42-3.1\lg h_{bs})(\lg d-3)+$$
$$20\lg f_c-3.2(\lg 17.625)^2-4.97-0.6(h_{ut}-1.5) \tag{3-1}$$

式中，d 为基站与终端间的距离，h 为建筑物平均高度，w 为街道平均宽度，h_{bs} 为基站高度，h_{ut} 为终端高度，f_c 为采取的中心频率。

以中国电信的 3D UMA 传播模型链路预算为例进行分析。其中，设备参数暂按最新设备设置，边缘速率目标暂按照目前业内推荐下行 10Mbps/上行 1Mbps 边缘速率进行估算，边缘覆盖率参考目前 4G 的边缘覆盖率要求，基站天线挂高根据场景不同分别取值，穿透损耗、街道宽度和建筑物高度根据不同地域给出典型参考值，其中密集市区的链路预算如表 3-4 所示。

表 3-4　5G 密集市区的链路预算表

项　　目		下行 10Mbps	上行 1Mbps
系统参数	工作频段/GHz	3.5	3.5
	小区边缘速率/Mbps	10	1
	带宽/MHz	100	100
	上行比例	30%	30%
	基站天线类型	64T64R	64T64R
	终端天线类型	2T4R	2T4R

续表

项　　目		下行 10Mbps	上行 1Mbps
系统参数	RB 总数/个	273	273
	需 RB 数/个	108	32
	SINR 门限/dB	−1	−4
发射设备参数	最大发射功率/dBm	49	26
	基站天线增益/dBi	10	0
	赋形增益/dBi	14.5	0
	EIRP（不含馈损）/dBm	73.5	26
接收设备参数	UE 天线增益/dBi	0	10
	UE 噪声系数/dB	7	3.5
	热噪声功率/dBm	−174.00	−174.00
	接收机灵敏度/dBm	−92.00	−103.78
	分集接收增益/dBi	4	14.5
附加损益	干扰余量/dB	0	0
	负荷因子	6	3
	切换增益/dBi	0	0
场景参数—密集市区	基站天线高度/m	30	30
	UE 天线高度/m	1.5	1.5
	阴影衰落（95%）/dB	11.6	11.6
	基站馈线损耗/dB	0	0
	人体遮挡损耗/dB	0	0
	穿透损耗/dB	15	15
	最大路径损耗 MAPL/dB	136.90	124.68
	街道平均宽度/m	20.00	20.00
	建筑物平均高度/m	45.00	45.00
	覆盖半径/m	423.74	205.38
	站间距/m	635.61	308.06

最大路径损耗（dB）=基站最大发射功率（dBm）+基站天线增益（dBi）-基站馈线损耗（dB）-穿透损耗（dB）-人体遮挡损耗（dB）-干扰余量（dB）-阴影衰落（dB）+UE 天线增益（dBi）-接收机灵敏度（dBm）-UE 噪声系数（dB）-SINR 门限（dB）。

将上述参数代入，计算出最大路径损耗值，再依据式（3-1）即可求出基站与终端间的距离。上表中设置的参数计算出基站与终端间的距离约为300m，工程实践中应依据实际选址位置灵活部署。

因此建议中国移动前期可与 FDD1800 共址建设，基站与终端间的距离初步定在400m 左右，但对于部分热点区域可加密部署，对于话务量较少的站点可不部署以节省投资。4.9GHz 频段可用于 5G 微小站，用于热点补盲或智慧灯杆项目。中国电信和中国联通基站与终端间的距离为300m，可大量共址基站，实现快速建站，节约投资，但这也给天馈改造带来了困难。

3.5.3　5G 容量估算

5G 容量规划方法与 4G 容量规划方法基本一致，可以结合 4G 业务发展情况作为 5G 容量规划的参考，其容量估算方法如表 3-5 所示，即：

需要规划的下行小区数量=区域总用户数×运营商市场占有率×5G 渗透率×连接态用户比例×忙时下行激活比×下行用户平均速率/单小区下行容量

需要规划的上行小区数量=区域总用户数×运营商市场占有率×5G 渗透率×连接态用户比例×忙时上行激活比×上行用户平均速率/单小区上行容量

表 3-5　5G 容量估算（表中数值为举例说明）

输　入	区域总用户数	10000	a
	运营商市场占有率	80%	b
	5G 渗透率	38%	c
	连接态用户比例	60%	d
	忙时下行激活比	8%	e
	忙时上行激活比	8%	f
	下行用户平均速率	50	g
	上行用户平均速率	5	h
	单小区下行容量/Mbps	460	i
	单小区上行容量/Mbps	90	j
输　出	需要规划的下行小区数量	16	$a×b×c×d×e×g/i$
	需要规划的上行小区数量	9	$a×b×c×d×f×h/j$

3.6　5G 室内网络规划策略

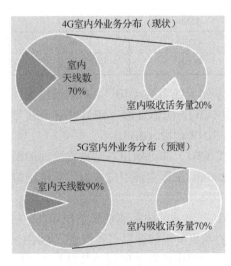

图 3-24　室内外业务分布变化

目前 4G 系统中，4G 室内天线数占总天线数的 70%，但吸收话务量只占 20%，室内仍以 WiFi 为主。随着手机流量套餐的广泛普及，手机用户不再需要切换到 WiFi 信号，直接使用手机流量就可方便快速地使用观看大流量高清视频和游戏功能，因此预计室内吸收话务量的占比将大大提高，将占到整个现网流量的 70%以上，如图 3-24 所示。

现有 2G/3G/4G 系统的存量频段后续可演进支持 5G 系统，但带宽资源有限，目前中国电信和中国联通 5G 网络室内覆盖频段采用 3.3～3.4GHz，中国移动采用 2.6GHz 重耕。5G NR 载波带宽 100MHz，相对于 4G 的 20MHz 有 5 倍增益；5G NR 2T 相对于 4G 2T 频谱效率提升了 1.3 倍，5G NR 4T 相对于 4G 2T 频谱效率提升了 2.3 倍；因此理论上室内覆盖 5G NR 4T 相对于 4G 2T 具有约 10 倍的小区峰值速率增益，小区边缘速率相应也会显著提升。

3.5GHz 室内覆盖传播模型采用 3GPP 38.901 协议针对 Indoor 2room office NLOS 场景模型，传播损耗计算公式为

$$PL_{InH\text{-}NLOS} = 38.3\lg d + 17.3 + 24.9\lg f + FAF \tag{3-2}$$

其中，d 为距离，f 为频率，FAF 为穿透损耗。

3.5GHz 频率穿透损耗：不同介质在各频段穿透损耗差异较大，3.5GHz 相比 2.4GHz 穿透损耗增大约 2～5dB，如表 3-6 所示。

表 3-6　不同介质的穿透损耗值

系 统 分 类	混凝土墙体/堵	砖墙/堵	玻璃/扇	钢筋混凝土/堵	混凝土地板/块	电梯箱体/个
900MHz 穿透损耗/dB	8～15	5～10	3～7	13～20	6～10	20～30
1800MHz 穿透损耗/dB	13～20	8～15	6～12	20～35	8～12	30～40
2400MHz 穿透损耗/dB	15～23	10～18	8～15	25～40	10～15	35～45
3500MHz 穿透损耗/dB	18～26	12～20	8～17	28～45	12～18	39～50

若天线口至终端阻隔一堵墙，经式（3-2）计算和从表 3-6 取值，计算出终端接收 3.5GHz 天线的信号强度为 94.7dBm，接收 2.4GHz 天线的信号强度为 87.1dBm，因此 5G BBU 发射功率必须增大才能满足信号覆盖需求。

3.6.1　规划流程

5G 室内分布系统网络支持传统无源分布系统（DAS）和分布式皮飞系统，不同的场景应选用不同的方案。如图 3-25 所示为 5G 分布式皮飞站网络规划的实施步骤：建网需求分析、创建链路预算、获得小区半径、计算单站覆盖面积、指定区域所需 pRRU 数量，其中链路预算和最大小区半径的计算可依据图中所示各项参数计算。

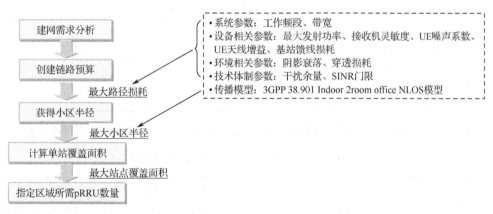

图 3-25　5G 分布式皮飞站网络规划实施步骤

3.6.2　网络指标

（1）覆盖指标

在 2016 年《中国移动室内覆盖建设指导意见》中，明确了 TD-LTE 的覆盖指标要求，如表 3-7 所示。

表 3-7 TD-LTE 覆盖指标

覆盖指标（95%覆盖概率）		
TD-LTE	一般场所	室内测试时目标覆盖区域 RSRP≥-105dBm 且 RS-SINR≥6
	重点区域	室内测试时目标覆盖区域 RSRP≥-95dBm 且 RS-SINR≥9
GSM	室内测试时目标覆盖区域 BCCH RxLev≥-80dBm	

（2）天线口功率设置、天线间距、覆盖面积规划

由于各系统频段、空间损耗等存在差异，工程建设过程中需保证各系统覆盖区域仍达到同样覆盖效果，因此应考虑系统合路的功率匹配，如表 3-8 所示。对于多系统的分布系统，已考虑同覆盖，若原有室分天线位置或密度不合理，则需进行改造，增加或调整天线布放点，保证 TD-LTE 的网络覆盖。采用 MIMO 双路分布系统方案时，为了保证 MIMO 性能，两个单极化天线间距应保证不低于 4λ（对于 E 频段约为 0.5m），在有条件的场景尽量采用 10λ 以上间距（对于 E 频段约为 1.25m）。

表 3-8 天线口功率、天线间距、建议覆盖面积参考

场景	说明	天线口功率	天线间距	皮飞站单 pRRU 覆盖面积	传统 DAS 站单天线覆盖面积
开放型	楼宇内部较为空旷场景，如卖场、体育馆、展览馆、图书馆、车站、机场等	GSM：0~5dBm	GSM：20~35m	>700m²	>500m²
		LTE：5~10dBm	LTE：15~25m		
半开放型	楼宇内部墙体穿透性较好（材质如板材、玻璃等）场景，如商场、写字楼、餐饮场所等	GSM：5~13dBm（楼层较高且电磁环境复杂时，建议天线口功率为 10~15dBm）	GSM：15~25m	>500m²	>300m²
		LTE：10~15dBm	LTE：8~15m		
密集型	楼宇隔间多，墙体穿透性差场景，如酒店、KTV、宿舍等	GSM：5~13dBm（楼层较高且电磁环境复杂时，建议天线口功率为 10~15dBm）	GSM：10~20m	不建议建设分布式皮飞站	>150m²
		LTE：10~15dBm	LTE：6~12m		

分布式皮飞站各典型场景下，pRRU 部署间距与 MR 覆盖率的关系如表 3-9 所示。

表 3-9 pRRU 部署间距与 MR 覆盖率的关系表

场景	pRRU 间距要求/m		
	MR 覆盖率≥98%	MR 覆盖率≥96%	MR 覆盖率≥90%
酒店	10	10.1	10.5
写字楼（多隔断）	11.3	12.5	18
写字楼（少隔断）	18	19	21.5
医院门诊楼	22	23.5	23.5
商场	21	22.5	25

（3）传统室分天线选型建议

对于传统室分系统的天线使用，应根据场景特点、区域功能，结合天线特性进行选择。如对于地下停车场，考虑场景较开阔、业务较少，建议使用增益较高、覆盖范围较大的定向壁挂（或板状）天线进行覆盖，具体室分系统天线使用建议如表 3-10 所示。

表 3-10　室分系统天线使用建议

天 线 名 称	频段范围	尺　寸	增益/dBi	使 用 建 议
室内全向单极化吸顶天线	宽频（820～960MHz；1710～2690MHz）	ϕ185mm×85mm	2/5	楼宇内部平层覆盖
室内定向单极化吸顶天线		ϕ180mm×95mm	4/6	为满足外泄要求，建议在楼宇靠墙边安装
室内定向单极化壁挂天线		270×170×60mm³	7/8	1. 为满足外泄要求，建议在楼宇靠墙边安装。2. 可用于楼梯口、电梯、狭长走廊、出入口、地下停车场、厂房等区域的覆盖
8/9dBi 单极化室内定向对数周期天线		295×210×63mm³	8/9	一般用于城中村、矮层居民楼、地下停车场、电梯井的覆盖
9/10dBi 单极化室内定向对数周期天线		440×210×63mm³	9/10	
地面型定向天线		750×420×150mm³	4.5/8	1. 用于室外穿透覆盖室内的场景，如居民小区、宿舍、城中村等。2. 考虑其覆盖能力，可用于开阔的厂房及地下停车场的覆盖
地面型全向天线		750×420×150mm³	4.5/5.2	
壁灯型天线		400×280×120mm³	6/8	用于物业较为敏感需进行伪装站点的对打覆盖，如居民小区、宿舍等
射灯型（单极化）天线		400×350×150mm³	6.5/8.4	

3.6.3　场景选择

分布式皮飞站具备施工简易、后续扩容简便等优点，但建设成本极高，为传统分布式系统（DAS）的 2 倍以上，因此只适用于空旷、大流量场景，如大型商场、大型体育场馆、交通枢纽等。如表 3-11 所示为各类场景的选择方案，但表中内容只作为参考，实际还需依据现场情况来定，后期皮飞站设备价格大幅降低，5G 可大范围使用分布式皮飞站方式部署。

表 3-11　各类场景的选择方案

序　　号	应 用 场 景	选 择 方 案
1	居民小区	推荐低成本的室外穿透覆盖室内或传统室分
2	大型商场	皮飞站
3	大型体育场馆	皮飞站
4	交通枢纽	皮飞站
5	星级酒店	>5000mm² 且空旷环境采用皮飞站，其他采用 DAS
6	写字楼	空旷办公区，会议室采用皮飞站，其他采用 DAS

序　号	应用场景	选择方案
7	政府机关	空旷办公区，会议室采用皮飞站，其他采用 DAS
8	商住两用楼	>5000m² 且空旷环境采用皮飞站，其他采用 DAS
9	医院	>5000m² 且空旷环境采用皮飞站，其他采用 DAS
10	学校	宿舍采用皮飞站，教学楼、场馆空旷环境采用皮飞站，复杂情况下采用 DAS
11	工厂	面积较大的办公楼、宿舍采用皮飞站，其他用 DAS
12	城中村	高容量区域用皮飞站，其他 DAS 或室外穿透覆盖室内
13	自有营业厅	较大营业厅采用分布式皮飞站，较小营业厅采用一体化皮飞站
14	地铁	建议漏缆覆盖
15	隧道	建议漏缆覆盖
16	餐饮娱乐场所	空旷环境采用皮飞站，其他采用 DAS
17	省级重点客户	空旷办公区、会议室采用皮飞站，其他采用 DAS
18	旅游景点	表演场馆或人员聚集区采用皮飞站，其他采用 DAS
19	低业务场景	一体化皮飞站、室外穿透覆盖室内

3.7 5G 市场运营部署策略

作为运营商主要的流量与收入来源，4G 网络将会持续很长一段时间，5G 网络需要与 4G 网络统筹起来，并将持续并存。同时 5G 网络投资巨大，短时间内收益不明显，因此 5G 网络建设需按城市规模、人口数量、业务需求分步实施。

5G 组网建设难度大、投资大，新增站址困难，未来垂直行业前景未明朗，不能盲目扩大投资。但对于一二线重点城市应加快建设进度，快速抢占市场。

（1）坚持 5G 无线网与 4G/4G+无线网优势互补、长期共存。

5G 无线网优势：高容量、更强的业务能力与体验。

4G 无线网优势：现网覆盖好、建设成本低。

在高容量需求场景优先部署 5G 网络，发挥建设成本和运营成本优势，应对容量持续增长的需求；发挥 4G 移动宽带业务托底作用，不断增强连续和深度覆盖能力，降低 5G 网络深度覆盖要求；做好 5G/4G+网络协同，推动演进空口成熟与部署，给用户提供"全 5G 业务"感受。

（2）面向投资效益，在 4G 频谱资源不足场景优先部署 5G 网络，同时在重点城市、核心城区开展连续部署。

确保 5G 网络口碑，保持网络领先，满足竞争需求；基于现网站址共址建设 5G 网络，整合现网天面资源、最大限度降低建设成本和铁塔租金。

（3）面向 5G 业务生态多样性，综合利用多种网络能力实现 5G 网络部署与业务紧耦合。

制定垂直行业端到端整体解决方案，匹配业务需求与各制式网络能力，综合应用各种网络制式满足业务需求。

实践窗口

（1）列表或画图列出国内三大运营商现网运营频谱和 5G 频段分配。

（2）列出国内三大运营商 5G 发展策略，搜索其最新进展情况。

（3）列出室内分布系统方案、网络指标、适用场景。

第4章 5G基站勘察与设计

5G基站工程建设标准化流程如图4-1所示，包括立项阶段、实施阶段、验收投产阶段。

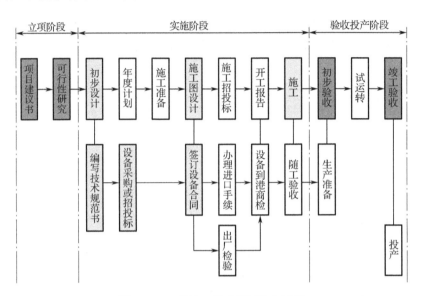

图4-1　5G基站工程建设标准化过程

移动通信建设流程包括概念阶段、实施阶段、运营阶段，如图4-2所示。其中实施阶段包括设计和施工两个重要的环节。

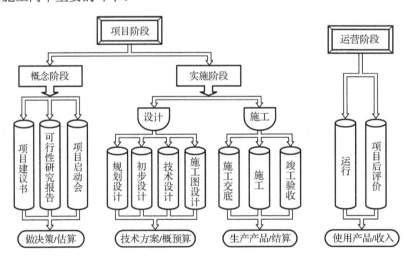

图4-2　移动通信建设流程

勘察设计阶段包括初步设计和施工图设计，简称两阶段设计。LTE前期工程都开展了两阶段设计，但随着设计标准的制定，后期工程逐步取消了初步设计，即只需施工图设计（简称一阶段设计）。实际工程中主要流程如图 4-3 所示，其中阴影背景为设计单位的主要工作。

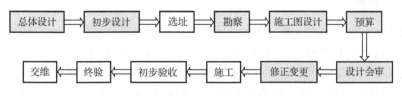

图 4-3　实际工程的主要流程

本章主要讲解勘察、施工图设计两个重要环节。

4.1　基站勘察

无线网络勘察是对实际的无线传播环境进行实地勘测和观察，并进行相应的数据采集、记录和确认工作。无线网络勘察主要目的是获得无线传播环境情况、天线安装环境情况以及其他共站系统情况，以提供给网络规划工程师、施工单位相应信息。

基站勘察的主要目的是为网络部署提供详细的建设方案，以指导备货、工程施工、安装调测等网络建设等环节。

勘察分为准备工作、现场勘察、编写勘察报告三个步骤。

4.1.1　准备工作

1.　工具及资料准备

勘察前应该就勘察路线、车辆安排、勘察工具、勘察资料、安全防护工具等做好准备。

（1）车辆：申请勘察用车，预约上车时间和地点。

（2）资料：上一期工程施工图纸、代维人员联系方式、身份证、工作证、勘察记录表、出入许可函（部分站点需要）。

（3）工具：手机、GPS、卷尺或激光测距仪、指北针、双色笔、查勘用纸等，如图 4-4 所示。

（4）其他勘察用品（非必选）：安全头盔、反光衣、绝缘胶鞋、应急药品、手电筒。

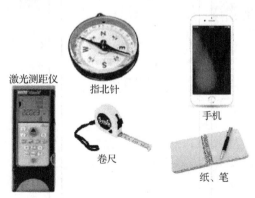

图 4-4　勘察常用工具

2. GPS 工具箱

借助手机 App 可查看经纬度、指北、导航等。目前主要有两款 App："GPS 工具箱""奥威互动地图"，这里只介绍前者，后者请自行下载，操作方法类似。

"GPS 工具箱"功能强大，包括：经纬度导航、指南针、查看所在位置经纬度、距离/面积测量等。其中经纬度导航功能可精确找到站点，为勘察施工人员节省大量的时间，为不可或缺的工具。

首先在手机应用商店下载"GPS 工具箱"，安装后打开指南针功能，如图 4-5 所示。

图 4-5　GPS 工具箱

（1）手动添加站点经纬度导航

向右滑动手机屏幕，出现"位置记录"界面，点击右下角"手动添加"按钮，然后手动输入站点标记名称、纬度、经度、海拔，点击"保存"按钮后，选中刚输入的站点，点击右上角"查看"按钮，如图 4-6 所示，可进入地图界面，点击左下角"导航"按钮即可前往站点。

图 4-6　手动添加站点经纬度导航

（2）批量导入站点经纬度导航

在计算机上新建一个 Excel 文件，按图 4-7 所示输入站名、纬度、经度、高度，文件名后缀为.csv，发送给手机端。打开"GPS 工具箱"，点击下部"导入"按钮，找到刚刚发送的文件。

点击右上角"查看"按钮，可打开地图查看文档中的这些站点，点击某个站点，可导航到站点位置。

#站名	纬度	经度	高度
大梁子村	26.899	104.8861	1
姑开寨	26.90568	104.8898	1
拱桥村	26.88155	104.8779	1
谢家院子	26.87931	104.8754	1
黄家寨村	26.8829	104.8903	1
倮柱村	26.9121	104.9672	1
任家厂	26.91246	104.9671	1
彭家寨组	26.91639	104.9666	1
刘家坪组	26.91606	104.9795	1
姚家坪组	26.91987	104.9809	1
河沟组	26.92179	104.9816	1
叶枝组	26.92334	104.9931	1
岩脚组	26.92064	104.9695	1

图 4-7 批量导入经纬度

3. 勘察记录表

基站现场勘察记录表分为两种类型，新址站现场勘察记录表和共址站现场勘察记录表，如表 4-1、表 4-2 所示。表中所述内容及格式可依据实际情况进行简化修改。

表 4-1　新址站现场勘察记录表

新址站现场勘察记录表					
站点名称：				勘察人员：　　勘察时间：	
机房地址：				机房经纬度：	
天面地址：				天面经纬度：	
序号	项　目	细 分 项 目	要求	勘　察　值	
1	外电	类型/电压/取电位置/路由/电表位置	拍照	机房：　　　　　天面：	
2	机房信息	机房归属/机房类型/楼宇名称		（移动/铁塔/第三方）/（机房/一体化柜）/	
		所在楼层/楼高/指北			
3	AC	AC 计划放置位置		草图标注	
4	蓄电池	计划放置位置及方式		结合承重梁位置 /（双层立式/双层卧式）	
5	馈孔	馈孔计划放置位置		结合有利馈线走线确定，草图标注	
6	天面	天面归属/楼层/楼高/指北测量		（移动/铁塔/第三方）/	
		本期新增杆塔类型/安装位置照	拍照		
		新增天线类型/数量/方向角/挂高/下倾角			
		新增 RRU 数量/安装位置照（若需）	拍照		
		天面光纤/电源/馈线走线路由	拍照		
		本期 GPS 类型/安装位置照	拍照	（GPS/北斗）/	
		覆盖方向角测量/天线方向角环境照	拍照		
7	拍照	天面/机房经纬度照			
		360° 环境照（12 张，30°/张）			
		机房内部全景照（对角线 30° 一张）			
		大楼整体照及门牌照			
		现场勘察记录资料拍照			
8	草图绘制	机房内草图及尺寸		含：机房位置（注意承重梁）/馈窗位置/门位置	
		天面草图及尺寸		含：天面形状/尺寸/杆塔定位/走线路由	
9	说明	数据优先在现场抄录，尺寸标于草图中。若现场来不及，则拍照后回来整理（特写：先整体后细节）			

表 4-2　共址站现场勘察记录表

共址站现场勘察记录表					
站点名称：				勘察人员：　　勘察时间：	
机房地址：				机房经纬度：	
天面地址：				天面经纬度：	
序号	项　目	细 分 项 目	要求	勘　察　值	
1	外电	类型/电压/取电位置/路由/电表位置	拍照	机房：　　　　　天面：	
		ODF/空开盒位置/外电电缆线径	特写		
2	机房信息	机房归属/机房类型/楼宇名称		（移动/铁塔/第三方）/（机房/一体化柜）/	
		所在楼层/楼高/指北			

续表

序号	项　目	细 分 项 目	要求	勘　察　值
3	AC	AC 厂家型号/总容量	特写	
		AC 空开型号/总数量/剩余空开	特写	
4	DC	DC 厂家型号/电压读数/电流读数	特写	
		整流模块型号/满配数/实际数	特写	
		熔断丝型号/数量	特写	
		一次下电空开型号/总数量/剩余	特写	
		二次下电空开型号/总数量/剩余	特写	
5	蓄电池	厂家型号/数量/尺寸/放置方式	拍照	（双层立式/双层卧式）
6	地排、馈孔	总地排孔位数量/剩余孔位	特写	
		馈孔总孔数/剩余孔位	特写	
	走线架	走线架型号/长度	拍照	
7	空调	厂家型号/匹数/数量/内、外机位置尺寸	特写	
8	传输设备	PTN 型号/PTN_ID/安装方式/位置尺寸	拍照	
		SDH 型号/SDH_ID/安装方式/位置尺寸	拍照	
		DDF 型号/数量/位置尺寸	拍照	
9	无线设备	LTE 型号/配置/数量/安装方式/位置尺寸	特写	
		TDS 型号/配置/数量/安装方式/位置尺寸	特写	
		GSM900 型号/配置/数量/载波/位置尺寸	特写	
		DCS 型号/配置/数量/载波/位置尺寸	特写	
		本期新增设备类型/数量/位置照/尺寸	特写	
10	天面	天面归属/楼层/指北测量		（移动/铁塔/第三方）/
		杆塔类型/数量/位置/抱杆数量/空余	全景	
		已有天线类型/数量/挂高/方向角	拍照	
		已有共天线系统/共天面系统	拍照	
		RRU 型号/数量/位置/光电馈走线路由	拍照	
		本期 GPS 类型/安装位置照	拍照	（GPS/北斗）/
		本期覆盖方向角测量/天线方向角环境照	拍照	
		本期新增杆塔类型/安装位置照	拍照	
11	拍照	360°环境照/天面/机房经纬度照		（12 张，30°/张）/　/
		机房内部全景照/大楼整体照及门牌照		（对角线 30°一张）/
		现场勘察记录资料拍照		
12	草图绘制	机房内草图及尺寸/天面草图及尺寸		机房内草图　　天面草图
13	说明	数据优先在现场抄录，尺寸标于草图中。若现场来不及，则拍照后回来整理（特写：先整体后细节）		

微小站现场勘察较宏站更简便，可简化，如表 4-3 所示。

表 4-3　微小站现场勘察记录表

微小站现场勘察记录表				
站点名称：			勘察人员：　　勘察时间：	
机房地址：			机房经纬度：	
天面地址：			天面经纬度：	
序号	项　目	细 分 项 目	要求	勘 察 值
1	天面外电	类型/电压/取电位置/路由/电表位置	拍照	
2	天面	天面归属/楼层/楼高/指北测量		（移动/铁塔/第三方）/
		本期新增杆塔类型/安装位置照	拍照	
		新增天线类型/数量/方向角/挂高/下倾角		
		新增 RRU 数量/安装位置	拍照	
		天面光纤/电源/馈线走线路由	拍照	
		本期 GPS 类型/安装位置照	拍照	（GPS/北斗）/
		本期覆盖方向角测量/天线方向角环境照	拍照	
3	拍照	天面经纬度照		
		360°环境照（12 张，30°/张）		
		大楼整体照及门牌照		
		现场勘察记录资料拍照		
4	草图绘制	天面草图及尺寸		含：天面形状/尺寸/杆塔定位/走线路由
5	说明	数据优先在现场抄录，尺寸标于草图中。若现场来不及，则拍照后回来整理（特写：先整体后细节）		

4.1.2　现场勘察

现场勘察的主要内容包括：基站位置、周边传播环境、天面平台情况及天线安装位置、机房空间及承重能力、设备安装位置、设备的配置和容量等。

1. 基站机房勘察流程

基站机房勘察包括尺寸测量、记录信息、设备拍照三个步骤。

（1）尺寸测量

利用原图纸，仔细核对机房设备的位置、尺寸及高度，同时注意门、窗、梁、柱的位置，原图纸描述有误或缺少的设备需现场及时修正。同时现场确认新安装设备的位置，测量机房层高、指北等。

（2）记录信息

除如实记录设备位置、尺寸外，还需如实记录机房各设备信息，包括：开关电源型号、电压/电流读数、剩余空开数量、整流模块数量及型号；蓄电池型号、规格、数量、摆放方式；主设备型号、板卡信息、插槽信息；地排剩余端子、馈窗剩余孔洞。同时还需核对站点经纬度、地址、楼层、指北、净高等信息。

（3）设备拍照

首先从机房 4 个角分别拍摄机房环境照，每个角落至少拍 1 张，照片清晰、完整，4 张照片需拍到机房内所有设备。然后重点逐个拍摄各个设备，拍摄时严格按先整体再细节的顺序，上述记录的设备信息每项需单独拍摄，每张照片能清楚拍到设备或板卡的型号、读数、插线等细节。最后拍摄其他设备，如站点整体、门牌号、走线架、其他运营商设备、AC、告警监控、防雷箱等。

另需重点关注新增设备的摆放位置，不能影响其他设备的正常运转，不能影响机柜的开门，不能正对空调出风口，要易于施工。对于新址新建站，需特别注意承重情况，机房尺寸可满足设备安装需求。

基站标准化拍照流程如下：

◆ 基站站点的总体拍摄。拍摄站点所属建筑物或者塔桅机房的总体结构；

◆ GPS 工具箱拍摄。拍摄准确的站点经纬度及海拔信息；

◆ 基站站点周边环境拍摄。以正北方为 0° 起始，每隔 30° 顺时针等分环拍 12 张照片；

◆ 机房内部整体情况拍照。机房内部需由多个角度拍摄；

◆ 机房内部设备拍照。开关电源拍摄正面整体，空开熔丝一、二次下电拍照，电源模块情况拍照，电源负荷拍照，工作地排、防雷地排拍照，电池组拍照，室外馈线窗拍照，传输设备（杂项架、综合柜、ODF、PTN 等）拍照。

详细填写勘察记录表各项内容，现场测量、绘制基站机房室内、室外草图。

（4）基站机房勘察要点

① 进入机房前，在勘察记录表里记录所选站址建筑物的地址信息。

② 进入机房后，在勘察记录表里记录建筑物的总层数、机房所在楼层，并结合室外天面草图画出建筑内机房所在位置的侧视图。

③ 在机房草图中标注机房的指北方向，机房长、宽、高（梁下净高），门、窗、立柱和主梁等的位置和尺寸；其他障碍物的位置、尺寸。

④ 机房内设备区勘察：根据机房内现有设备的摆放图、走线图，在机房草图标注原有、本期新建设备（含蓄电池）摆放位置；机房内部是否需要加固需经有关土建部门核实。

⑤ 确定机房内走线架、馈线窗的位置和高度，在机房草图标注馈线窗的位置、尺寸、馈线孔使用情况。

⑥ 在机房草图标注原有、新建走线架的离地高度，走线架的路由，统计需新增或利旧的走线架长度。

⑦ 了解机房内交、直流供电的情况，对于已有机房，在勘察记录表中记录开关电源整流模块、空开、熔丝、蓄电池等的使用情况，判断是否需要新增，并做好标记，拍照存档。

⑧ 了解传输系统情况，对于已有基站，需了解现有基站的传输情况，包括传输的方式、容量、路由和 DDF、ODF 端子板使用情况等。

⑨ 确定机房接地情况，对于租用机房，尽可能了解租用机房的接地点的信息，在机房草图中标注室内接地铜排安装位置、接地母线的接地位置、接地母线的长度。

⑩ 在机房内应从不同角度拍摄机房照片，必要时对局部特别情况（馈线窗、封洞板、室内接地铜排、走线架、馈线路由、原有设备和预安装设备位置）拍摄照片记录。

2. 天馈勘察流程与要点

（1）天馈勘察流程

天馈勘察流程与基站机房勘察流程类似，分成三步：尺寸测量、记录信息、设备拍照。

仔细核对原图纸抱杆、天线、RRU、GPS、业主设备及其他设备的位置及尺寸；核对馈线长度、路由走线；核对楼层、天线挂高、指北、天线方位角；记录 RRU、天线等设备的型号，女儿墙高度；核对天面地址及经纬度。

上述核对项全部清晰拍照，包括天面整体、设备杆体摆放位置、天线 RRU 型号等。对于复杂的天面环境，可拍摄短视频，避免遗漏未标注设备，亦可直观地感受现场环境。重点关注路由走线的合理性，GPS 安装位置是否有阻挡，是否有空余抱杆安装天线和 RRU，如需新增杆体，承重是否满足，杆体摆放位置是否满足覆盖要求，天线覆盖方向是否有楼面阻挡，女儿墙是否阻挡天线覆盖等。最后用手机横向拍摄周围环境照，每隔 30°拍摄一张，共拍摄 12 张，拍摄 3 个天线覆盖方向的环境照 3 张。

对于新址新建站，应重点关注路由的走向，其走向应事先征求业主同意，布局美观，避免天面中间走线，尽量沿女儿墙布线。天面尺寸测量准确，避免因测量失误造成馈线短缺而返工。

攀爬楼梯和爬梯时应注意安全，严禁攀爬铁塔，严禁触碰带电设备。雷雨天气禁止勘察，夏天做好防暑准备，山站需两人同行，注意防止蛇咬蚊叮。

应重点测量天线挂高，不能想当然认为每层均为 3 米，应用激光测距仪测量楼层高度，当使用仪器测量有困难时，应逐层测量楼层高度进行累加。天线挂高应以天线底部为基准。

（2）天馈勘察要点

① 准确记录勘察时间、基站编号、名称、站型、经纬度、海拔、共址情况、区域类型等基本信息。

② 准确记录新建塔桅类型、高度，并在天馈草图中准确标注塔桅与机房的相对位置。

③ 如果是利旧塔桅，需要记录原有塔桅类型、归属、已用与可用平台高度，可用支架高度与方位角，并在天馈草图中标注利旧塔桅与机房的相对位置。

④ 记录本期工程所有天线（包括 GPS 天线）的安装位置、安装高度、方位角和下倾角（机械下倾角、电子下倾角）；注意天线隔离度需满足设计要求。

⑤ 记录馈线的数量与长度、室外走线架的长度，并在天馈草图中标注室外走线架路由及馈线爬梯位置、馈线走线路由、馈线下爬与机房馈线入口洞的相对位置。

⑥ 绘制草图。依照要求，绘制室外天馈草图，包括塔桅位置、馈线路由（室外走线架及爬梯）、共址塔桅、主要障碍物等，尺寸应尽可能详细，如屋顶的楼梯间、水箱、太阳能热水器、女儿墙等的位置及尺寸（含高度信息）、梁或承重墙的位置、机房的相对位置等。

⑦ 自正北方向，每隔 30°顺时针拍摄基站周边环境照一张，共拍摄 12 张，应尽可能真实记录基站周围环境。拍摄新建塔桅、机房位置、主要障碍物的照片，如果是利旧塔桅，需要从不同角度拍摄利旧塔桅及已安装天线的照片。

4.1.3 编写勘察报告

完成勘察任务后，需按站点分门别类整理好照片（机房照、天面照、环境照），填写勘察记录表，然后编写勘察报告。

勘察记录表采用 Excel 表，将勘察记录的信息全部按格式要求填写在表中，方便统计、分析、备查。

勘察报告采用 Word 文件，需描述勘察单位、人员信息；站点原有系统的设备情况、配置情况，机房和天面原有设备情况和参数；需描述新增系统和设备的详细情况；附有站点图、360°环境照、覆盖方向图，以及机房、杆体和天线位置图等。

4.2 传统基站施工图设计

无线基站图纸用于对基站设备及天馈进行合理的规划和设置，以实现机房空间合理布局、便于设备扩容和维护、满足无线覆盖要求、指导施工单位规范完成基站的安装为目的。

1. 基站设计模拟图

基站设计主要包括机房和天面设计两部分，设备连接模拟图如图 4-8 所示。

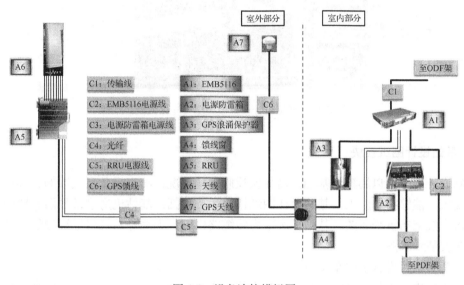

图 4-8 设备连接模拟图

机房按类型可分为租用机房（或简易机房）和一体化柜，为节省投资，一体化柜的使用越来越广泛。基站设计模拟效果图如图 4-9、图 4-10 所示。

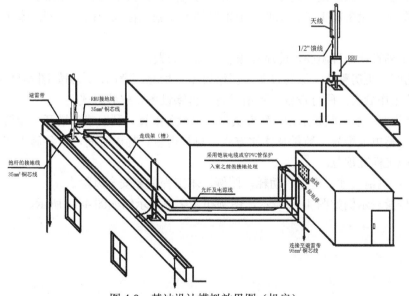

图 4-9 基站设计模拟效果图（机房）

图 4-10　基站设计模拟效果图（一体化柜）

2. 基站设计图纸模块

基站设计图纸应以勘察为基础，需如实反映现场情况，给出设备及天馈的详细设计方案和工艺要求，能够指导施工。基站设计图纸模块主要包括：基站机房设备平面布置图、基站机房室内走线架布置平面图、基站机房电力线缆路由图、无线基站机房电源导线明细表、基站天馈线安装示意图。

（1）基站机房设备平面布置图

用于指导施工单位在基站机房内安装无线、电源、空调、监控等设备，内容包括：机房尺寸，门窗位置，指北，设备在机房内的相对位置，预留设备的规划布局，设备的数量、型号和尺寸，安装工作量表，交流配电箱输出端子分配示意图，开关电源一次、二次输出端子分配示意图，基站归属工期、建设类型、主设备配置，开关电源和整流模块型号和数量，蓄电池型号和数量，设备施工工艺说明，地址经纬度，施工标准规范、图例，本工程主要安全风险点等。

严格按下列设计流程出图，能避免很多遗漏和失误。

① 平面图：机房整体—原有设备—新增设备—指北、净高，示例如图 4-11 所示。

② 安装工作量表：原有设备、新增设备、拆除设备、安装方式。

③ 文字说明：基站归属工期、建设类型，主设备配置，利旧或新增开关电源和整流模块型号和数量，蓄电池型号、数量及摆放方式、总耗电量、耗电时间，设备施工工艺说明，地址经纬度，施工标准规范。

④ 其他：机柜尺寸、重量、功耗，图例，本工程主要安全风险点。

安装工作量表示例如图 4-12 所示，图例和文字说明示例如图 4-13 所示。

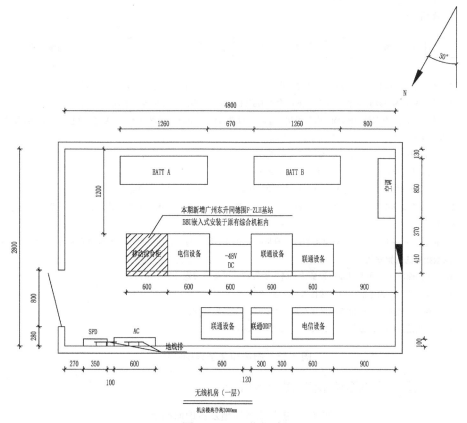

图 4-11　平面图示例

						数量			
序号	设备名称		规格配置	尺寸	单位	原有数量	本期新增	本期拆除	备注
		安装工作量表							
1	TD-LTE	TD-LTE 挂墙机框		180×560×425mm³	架	1	1		挂墙安装
1	TD-LTE	TD-LTE 设备（BBU3910）	D 频段新增	2U	架	1	1		下沿距地 2000mm
2	TD-LTE	直流电源分配单元（DCDU）		1U	架	1	1		质量 20kg
3	TD-SCDMA	TD-SCDMA 设备（DBBP530）		180×560×425mm³	架	2			
4	GSM	无线机架	RBS2202	600×400×2000mm³	架	1			
5	AC	壁挂交流配电箱		580×140×350mm³	个	1			距地 1400mm
6	AC	AC 总阀		300×120×400mm³	个	1			距地 1500mm
7	DC1	整流器架	中达电通 MCS3000D	600×450×2000mm³	架	1			质量 140kg
8	DC1	整流模块	DPR48/50-D-DCE	块		8			−48V/50A
9	BATT1	蓄电池组	双登−48V/300Ah	1215×565×877mm³	组	2			质量 750kg
10	CH	传输综合架		600×600×2000mm³	架	1			下沿距地 2500mm
11	IGB1	室内总地线排	23 孔		个	1			
12	IGB1	室内地线排			个	1			
13		馈线窗		410×410mm²	个	1			
14		GPS 室内避雷器			个		1		
15		软光纤	单芯（15 米/条）		米		2		BBU 至 PTN 尾纤
16		空开	100A		个		2		由移动负责施工
17		光模块	40G/100GHz		个		2		安装于 BBU 和 RRU 两端

图 4-12　安装工作量表示例

1. 图例

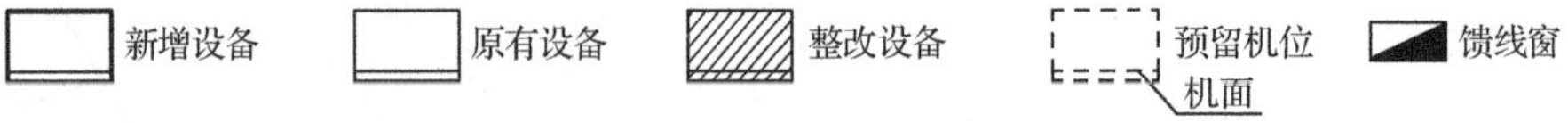

□ 新增设备　　□ 原有设备　　▨ 整改设备　　⌐ ¬ 预留机位机面　　◤ 馈线窗

2. 本基站为 TD-LTE D 频段共址新建三小区定向基站，共址于现网站点：南海里水和顺城区。

3. 本工程安装 TD-LTE 设备 1 套，采用中兴 B8300 TD-LTE 系统无线设备，配置为 S222。

4. 本期利旧原有−48V/DC/DC 电源机架（型号为珠江 DCS1204），配置 4 台 25A 整流模块；利旧原有 2 组 500Ah/+24V 南都电池组，每组三层单列卧式摆放。

5. LTE-BBU 与 PTN 设备 GE 光口通过尾纤连接。

6. 本基站承重由铁塔公司另行委托结构复核单位负责。

7. 设备加固安装必须满足 YD5059-2005《电信设备安装抗震设计规范》的要求。

8. 设备的安装必须遵守安全规范，操作时严禁佩戴手表、手链、手镯、戒指等易导电物体，插拔板卡时应佩戴防静电手腕。

9. 应预防设备超重，若支撑设备的楼板或基础的载荷不足，易引起建筑垮塌，导致通信中断；设备要严格按照设计图纸指示的位置安装。

10. 应确保施工工作不对原有设备和系统造成影响，以免造成意外通信事故。

11. 本基站所有设备的地线直接接入机房地线排。

12. 本基站地址：佛山市南海区里和顺里和路旁××酒店楼顶。

13. 本基站经纬度：东经 113.13234°，北纬 23.24881°。

图 4-13　图例和文字说明示例

主要设备质量、占地面积示例如表 4-4 所示。

表 4-4　主要设备质量及占地面积示例

序　号	设 备 名 称	单　位	质量/kg	占地面积/mm²	备　注
1	交流配电箱	架	20	200×600	满配置
2	嵌入式开关电源架（−48V DC）	架	20	519×500	满配置
3	蓄电池组（−48V）	组	336	1180×600	满配置
4	嵌入式开关电源架（+24VDC）	架	20	519×500	满配置
5	蓄电池组（+24V）	组	409	1365×400	满配置
6	无线机架（中兴 ZX B8300）	架	9	540×270	满配置
7	无线机架（爱立信 RBS2202）	架	210	600×400	满配置
8	无线机架（爱立信 RBS2206）	架	230	600×480	满配置
9	无线机架（爱立信 RBS6201）	架	250	600×450	满配置
10	无线机架（爱立信 RBS6601）	组	5	500×400	满配置

（2）基站机房室内走线架布置平面图

用于指导施工单位完成室内走线架的安装，内容包括：机房尺寸、门窗位置、指北、水平走线架和垂直走线架相对位置和安装高度、图例等，示例如图 4-14 所示。

室内水平走线架宽 400mm，离地 2400mm；竖立的走线架必须垂直，平放的走线架必须水平，水平走线架每隔 2.25m 用走线架连接件连接；水平走线架上相邻固定点之间的距离应小于 2m；垂直走线架与柱或墙固定。

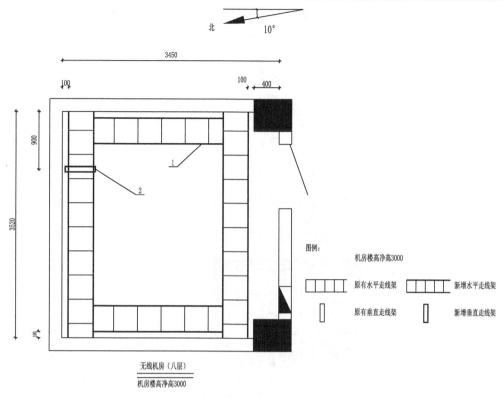

图 4-14　基站机房室内走线架布置平面图示例

（3）基站机房电力电缆路由图

用于指导施工单位完成设备线缆布放，内容包括：电源线、信号线、接地线、馈线，在走线架或墙面布放的路由走向，线缆在走线架上的布局，线缆布放的工艺要求、图例等。

先布局电源线，再布局接地线，示例如图 4-15 所示。

（4）无线基站机房电源导线明细表

机房电源线和接地线需要不同线径，示例如图 4-16、图 4-17 所示。

（5）基站天馈线安装示意图——俯视图

指导施工单位完成天馈线的安装，内容包括：天面的俯视图和侧视图，机房相对天面的位置，基站的塔桅类型及具体设置的位置，馈线的走线路由及布线方式，铁塔平台示意图，天馈参数表（包括天线类型、方位角、下倾角、挂高的设置），天馈材料表（天线型号和数量、馈线长度和规格、馈线辅材等），天馈安装及防雷接地的文字说明、图例。

严格按下列流程画图，避免有误或遗漏。

俯视图：原有天面和设备尺寸、位置（多层平台时应分别画出原有天线）—新增杆体、天线、RRU、GPS 等设备尺寸和位置、天线方位—馈线、电源线路由—接地卡、女儿墙高度、天线和 RRU 安装方案文字描述—小区方位。

天馈参数表：经纬度、挂高、方位角、电子下倾角、机械下倾角、天线类型。

天馈材料表：新增或拆除天线、RRU 型号和数量，光纤、电缆类型和总长度，PVC 管、波纹管类型和总长度，跳线或集束类型、长度、条数，GPS 及馈线长度，馈线卡子，RRU 接地线，杆体或抱杆数量，交转直模块，合路器等。

注:
1、━━━ 表示电缆沿走线架布放。
2、━━━ 表示电缆按分开走线。
3、布放交流与直流电缆时应分开布线,电源线与信号线也应分开走线,以提高设备稳定性。
4、各段地线架到走线架安装接头处应就近位置接地,接地线、电源线,成捆等易导。
5、总配走线架接地必须用16mm²电缆保持电气连通。
6、安装设备,必须遵守安全规范,操作时应佩戴手表、手镯,或指等信号。通信电源设备安装验收规范》YD 5079-2005的要求。
7、加电设备,插拔板卡时应佩戴防静电手腕带。
8、加电在审查批复后才能进行,加电前须确认加电所需条件均满足,防止过载短路情况出现,加电时须遵守流程规范,检测主、备电源均正常运行,完成后应无告警。
9、需做好设备保护接地,规范接地,避免造成设备及线缆损坏、人身触电等事故。
10、防雷与接地系统必须满足《通信局(站)防雷与接地工程设计规范》YD 5098-2005的有关规定。
11、带编号的电力电缆长度及型号导见导线计划表。

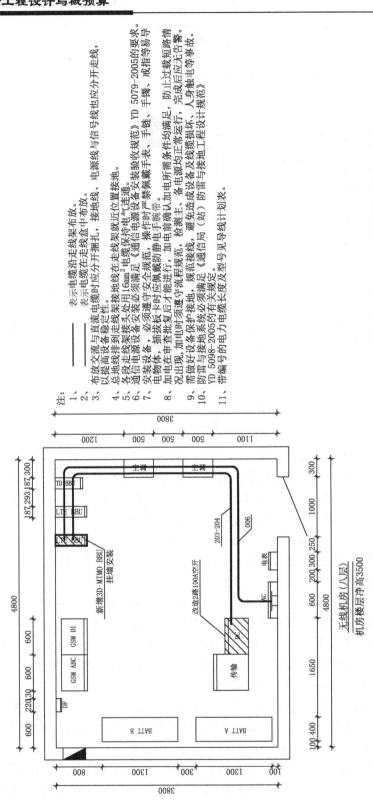

图 4-15 基站机房电力电缆路由图示例

导线计划表

导线编号	导线路由 起	导线路由 止	设计电压(V)	RVVZ-1KV 4×25mm²	RVVZ-1KV 1×150mm²	RVVZ-1KV 1×90mm²	RVVZ-1KV 1×70mm²	RVVZ-1KV 1×35mm²	RVVZ-1KV 1×16mm²	RVVZ-1KV 2×16mm²	RVVZ-1KV 2×6mm²	RVVZ-1KV 2×2.5mm²	RVVZ-1KV 3×2.5mm²	备注
901	交流配电箱	交转直模块	220V										3	黑色
201	开关电源直流配电单元	蓄电池组A(-)	-48											蓝色
202	开关电源直流配电单元	蓄电池组A(+)	-48											红色
203	开关电源直流配电单元	蓄电池组B(-)	-48											蓝色
204	开关电源直流配电单元	蓄电池组B(+)	-48											红色
401	开关电源直流配电单元	TDL DCPD(-)(直连)	-48											一红一蓝
402	开关电源直流配电单元	TDL DCPD(+)(直连)	-48											一红一蓝
403	交转直模块(+)(-)	TDL BBU(+)(-)(直连)	-48											一红一蓝
404	开关电源直流配电单元	TDL DCDU(+)(-)(直连)	-48											一红一蓝
405	交转直模块(+)(-)	TDL MU(+)(-)(直连)	-48								3			一红一蓝
406	开关电源直流配电单元	TDL BBU(+)(-)(拉远)	-48											一红一蓝
407	开关电源直流配电单元	TDL MU(+)(-)(拉远)	-48											一红一蓝
001	室内联合总地线排	开关电源工作地												黄绿相间
002	室内联合总地线排	开关电源保护地												黄绿相间
003	室内联合总地线排	交流配电箱保护地												黄绿相间
004	室内联合总地线排	机柜地线排												黄绿相间
005	总地线排/机框地线排	TDL BBU												黄绿相间
006	总地线排/机框地线排	TDL 交转直模块							3					黄绿相间
007	室内联合总地线排	TDL MU							3					黄绿相间
008	室内联合总地线排	TDL DCDU												黄绿相间
009	室内联合总地线排	DF架												黄绿相间
008	室内联合总地线排	蓄电池组A架												黄绿相间
009	室内联合总地线排	蓄电池组B架												黄绿相间
010	室内联合总地线排	走线架												黄绿相间
总计											6	3	3	

图 4-16 电源导线明细示例

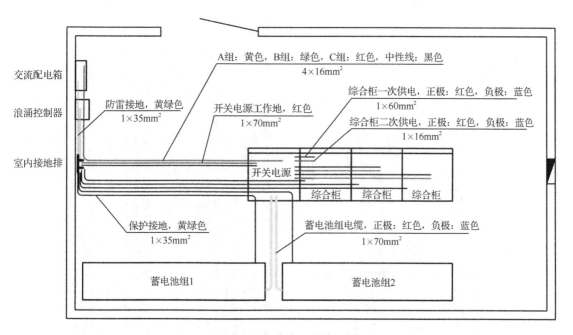

图 4-17 机房电源导线示例

图例和文字说明：天线、RRU、GPS 安装位置及安装方式，防雷接地方式，线缆曲率半径要求，PVC 管套管方式，天面地址等。

基站天馈线俯视图各模块示例如图 4-18 所示。

5G 通信工程设计与概预算

扇区参数表

扇区	天线类型	经纬度 116.676111 23.338055		方位角	总下倾角 E	电子下倾角	机械下倾角 N	备注
		天线挂高						
CELL1	华为FA/D天线(ATD4516R0)	90.0m		60°	12°	12°	0°	新增
CELL2	华为FA/D天线(ATD4516R0)	90.0m		150°	4°	4°	0°	新增
CELL3	华为FA/D天线(ATD4516R0)	90.0m		330°	12°	12°	0°	新增

安装工作量表

序号	名称	规格	单位	原有数量	安装数量	拆除数量	备注
1	原有双极化板状天线	1396×319×116	副	3			
2	华为FA/D天线(ATD4516R0)	1396×319×116	副		3		安装于发射塔主抱杆
3	原有TD天线	1396×319×116	副		3	3	安装于发射塔内抱杆
4	室外RRU单元		台				
5	RRU馈线光缆	四芯	m		70		CELL1:20m、CELL2:20m、CELL3:30m
6	RRU电源光缆	RRU3Z53	m		70		CELL1:20m、CELL2:20m、CELL3:30m
7	LTE走线架电缆	2×3.3mm² (0~80m)	m		6		集束馈线夹 四芯三芯否 一张
8	LTE室外接地线	3米×条	条		6		定接地杆排接地线
9	LTE室外接地线	3米×条	条		9		3米×3米×一张
10	RRU接地线	1×25mm²	m		15		
11	GPS天线		副		1		
12	GPS防雷器	N型	个				安装于发射杆及检查光纤(含室内)
13	GPS馈线铜线接线鼻子		套				
14	地阻电缆铜接线端头	φ40	套		40		
15	PVC管(波纹软管)	φ40	m		30		
16	PVC管(波纹硬管)	φ25	m				
17	机房用天化馈线		个			4	

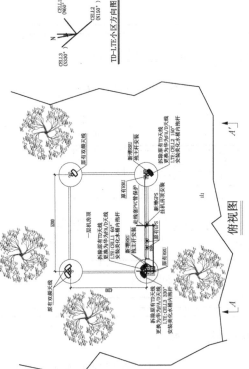

俯视图

TD-LTE 小区方向图
N
CELL1 (N60°)
CELL2 (N150°)
CELL3 (N330°)

图例：■■ 新增定向天线 ⊂⊃ 原有天线 ● 线缆接地点 ▣ AAU ◎ GPS天线 ✦ GPS天线侧视图

注：
1. 图例：■ 新增为华为TD-LTE D频段定向天线，RRU设备和GPS天线安装位置如图所示。
2. 本基站为新建三小区定向基站，采用BBU+RRU方式，配置为S111。
3. 本期工程新增D频段天线，GPS天线安装如图所示。
4. 表中天线长度为计算长度，施工时根据实测下线。
5. GPS馈线通过接地卡连接入铜排或者扁铁，接地位置如图所示，严禁在杆塔主材钻孔接地。
6. GPS天线应安装在较空旷位置，上方南侧90°范围内应无建筑物阻挡，及其他障碍物遮挡，GPS天线应在避雷针45°保护范围内，否则需专门安装避雷针，具体安装位置如图所示。
7. GPS馈线走线无走线架时应采用PVC套管固定。
8. GPS安装在楼顶，GPS下方无须加装GPS防雷器，馈线至室外全程绝缘，馈线在离天线窗口1m处，GPS下方需加装GPS防雷器。室内GPS防雷器安装在杆塔上。室内GPS防雷器安装在建筑物避雷层接地，加装GPS防雷器，GPS馈线通过接地线连接到GPS防雷器下方1m处接地，要求接地线的弯曲角度不大于90°，曲率半径不大于130mm。为了减少馈线的弯曲角度不大于1m处。
9. RRU供电电缆应在离开RRU设备1m处如和进入馈线窗1处，如和进入馈线窗中间部分加做一次防雷接地。选择平直走线部分做一次防雷接地。
   若电缆长度超过60m，需在电缆中间部分加做一次防雷接地，电缆可与光缆共用PVC套管。馈线需与电缆部分走线。
10. 室外电缆用光缆需加装防火PVC套管，电缆可与光缆共用PVC套管。
11. 若为美化天线，应做好防护工作，在最大15°内调整，美化罩外露部分保证在最差化罩内安装挂外安装挂杆安装天线满足天线方向角能在左右30°内调整，机械下倾角无法满足化罩满足方向。
12. 天面美化馈线分走美化罩厂家套管做美化罩。应利用现有建筑结构做好避雷措施，保证良好接地。
13. 天面、杆塔承重由建设单位另行委托复核单位负责。如现有避雷系统不可用则需要重建。

图 4-18　基站天馈线俯视图各模块示例

114

（6）基站天馈线安装示意图——立面图

从下到上、从左至右依次设计天面立面图，包括大楼、杆体、天线、RRU、GPS、天面设备、爬梯、电缆、光纤路由、文字描述、施工安全风险提示等，示例如图 4-19 所示。

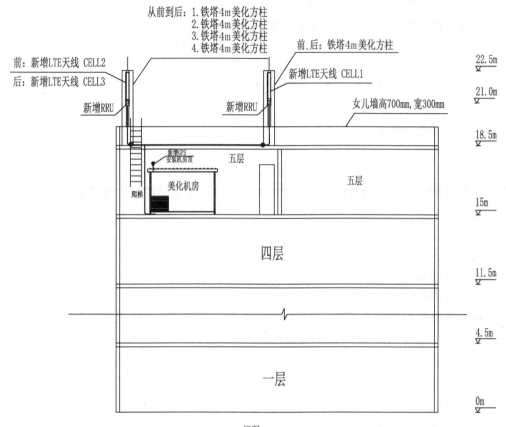

图 4-19　立面图及安全风险点示例

3. 施工图纸设计

1）总体要求

（1）图纸按照相关图纸模板要求编制，可参照《通信工程制图与图形符号规定》（YD/T 5015-2015），图纸均要有图衔，图衔的尺寸要固定，不能被侵占。

（2）根据表述对象的性质，论述的目的与内容，选取适宜的、最简洁的图纸及表达手段，以便完整地表述主题内容。

（3）图面应布局合理、排列均匀、轮廓清晰和便于识别，文字大小应以打印稿清晰为准。

（4）应选取合适的图线宽度，避免图中的线条过粗或过细。

（5）所使用的图形符号应符合国标对图形符号的要求。

（6）应准确地按规定标注各种必要的技术数据和注释。

（7）平面图、铁塔图等有位置要求的图需标注指北方向。

（8）图中文字一般需平放，当根据图形的需要进行旋转时，应逆时针旋转 90°，不可顺时针旋转。

（9）图中标注的尺寸数字不可被线条穿过。

2）制图的统一规定

（1）基站图纸一般采用 A3 图纸。

（2）线型选用。

线的宽度一般从以下系列中选用：0.25、0.35、0.5、0.7、1（单位为 mm）等，通常只选用两种宽度的图线。粗线的宽度为细线宽度的两倍。对复杂的图纸也可采用粗、中、细三种线宽，线的宽度按 2 的倍数依次递增。

使用图线绘图时，应使图形的比例和所选线宽协调恰当，重点突出，主次分明。在同一张图纸上，按不同比例绘制的图样及同类图形的图线粗细应保持一致。

细实线是最常用的线条。在以细实线为主的图纸上，粗实线主要用于需要突出的设备、线路、图纸的图框线等处。指引线、尺寸标注线应使用细实线。

当需要区分新安装的设备时，则粗线表示新建，细线表示原有设施，虚线表示规划预留部分。

（3）尺寸标注。

图中的尺寸单位，除标高、总平面和管线长度以米（m）为单位外，其他尺寸均以毫米（mm）为单位。按此原则标注的尺寸可不加注单位的文字符号。若采用其他单位，应在尺寸数值后加注计量单位的文字符号。

尺寸界线用细实线绘制，两端应画出尺寸的起止标志。

尺寸数值应顺着尺寸线方向书写并符合视图方向，数值的高度方向应和尺寸线垂直，并不得被任何图线通过。当无法避免时，应将图线断开，在断开处填写数字。

（4）字体。

文字说明中的汉字不宜采用 2 种以上字体，一般以宋体为主，在需要着重说明时，可用其他字体或加粗处理。

图中的"技术要求""说明""注"等字样，应写在具体文字内容的左上方。

图中涉及数量的数字，均用阿拉伯数字表示。计量单位应使用国家颁布的法定计量单位。

3）图框设计要求

（1）图框大小不能随意更改，必须在模板中的图框内进行画图。

（2）机房图和天面图必须按照实际尺寸描绘，不得随意缩放，室内图比例 1∶50，室外图比例 1∶100，如天面较大，可按 1∶150、1∶175、1∶200 等比例进行描绘，但标注尺寸必须为实际尺寸。

（3）一个站完整的图纸包括 4 张，即室内 2 张、室外 2 张（如需增加走线架，需增加 1 张走线架图）。

4）机房平面图设计要求

（1）新增 BBU 和 DCDU

BBU 和 DCDU 可用机架挂墙安装，也可嵌入式安装于落地柜、传输柜、挂墙、一体化柜中，如图 4-20 所示。设计时应注意 BBU 和 DCDU 的安装操作空间，爱立信 RBS6601 占用 1.5U，中兴 B8300 占用 3U，华为 B3900 占用 2U，DCDU 占用 1U。

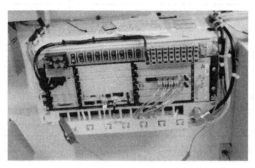

图 4-20　挂墙安装

中兴落地机柜 8811 高 1.4m，最多能放 4 台 BBU 和 DCDU，如图 4-21 所示。华为 ILC29 落地机柜高 1.6m，最多可放 6 台 BBU 和 DCDU。

图 4-21　中兴机柜安装 BBU 和 DCDU

（2）插入基带板和主控板

三大厂家主设备型号如表 4-5 所示。

表 4-5　三大厂家主设备型号

单　板	华　为	中　兴	爱　立　信
BBU	DBS3900/DBS3901	B8301	RBS6601
主控板	UMPT	CCE1	DUS41/ Baseband 5216/ Baseband 5212
基带板	UBBPe9/UBBPd9/ LBBPd4	BPN2	
DCDU	DCDU-12B/ EPU02D	DCPD6	DCDU-12B

（3）BBU 侧线缆

BBU 侧连接传输设备、RRU、GPS，线缆布放如表 4-6 所示。

表 4-6 BBU 侧线缆布放

电 缆 名 称	电 缆 路 由	使 用 条 件	电 缆 类 型
BBU 电源线	直流分配单元-BBU	<10m	2.5mm²
LC-LC 光纤跳线	IPRAN-BBU	<20km	LC-LC 尾纤
BBU 保护地线	机房接地铜排-BBU	<20m	16mm²
CPRI 光纤	BBU-RRU	<2Km	防水尾纤
BBU GPS 馈线	GPS-GPS 避雷器	<60m	1/4"馈线
		60m～150m	1/2"馈线
BBU GPS 馈线	GPS 避雷器-BBU	<5m	SMA

（4）其他

开关电源、整流模块、蓄电池、走线架、空开、地排一般由铁塔部门新增。蓄电池需满足放电时间（市区基站≥3h，城郊及乡镇基站≥5h，农村基站≥7h），整流数量应满足目前和未来扩容设备的功耗。应正确选用空开端子，蓄电池一般采用 200A 空开，主设备采用 63A 空开，Baseband 5216 连 3D-MIMO 时，功耗较大，应采用 100A 空开。地排应预留足够的端子，当无空余端子时，应新增小地排。

除上述铁塔提供的设备外，还需新增 2 根软光纤，即从 BBU 连至传输设备。

5）基站天面设计要求

基站天面设计主要包括四大块：俯视图、立面图、工作量表、文字说明。其中以天线安装、RRU 安装、GPS 天线安装最为关键。

（1）天线安装

天线主瓣方向 100m 范围内无明显遮挡，在楼顶安装天线应尽量靠近天面边沿和四角。LTE 天线安装方式有：抱杆贴墙式、抱杆底座式、抱杆植筋式、楼顶铁塔式、楼顶拉线塔、落地铁塔（管塔、三角塔、四角塔）。在楼面安装天线时，其安装要求如表 4-7 所示。

表 4-7 在楼面安装天线的要求

安装的要求	
承重要求	一定要考虑天面的承重要求，根据需要采取加固措施
天面面积要求	天线架设满足系统隔离度要求即可，天线本身安装所需面积与加固方式有关
天线风阻对抱杆的要求	风荷 60m/s，天线阵需固定在外径为φ76mm 的抱杆上
屋顶改造要求	涉及天面改造安装时要注意天面防水及加固情况

（2）RRU 安装

正确选用 RRU，RRU 侧线缆布放包括 RRU 电源线、接地线、跳线、光纤等，如表 4-8 所示。

表 4-8　RRU 侧线缆布放

电缆名称	电缆路由	使用条件	电缆类型
RRU 电源线	直流分配单元-BBU	<50m	2×4mm²
		50～80m	2×6mm²
		80～140m	2×10mm²
RRU 接地线	RRU-地排	越短越好	16mm²
CPRI 光纤	BBU-RRU	<2km	防水尾纤
RRU 馈线	RRU-天线	<5m	1/2"跳线
		5m～15m	1/2"馈线
		15m～35m	7/8"馈线

（3）GPS 天线安装

GPS 天线安装于铁塔避雷针 45°保护范围内，在南向至少 90°范围内无阻挡，如图 4-22 所示。安装方式有：落地安装，铁塔安装，抱杆安装，女儿墙安装，机房顶、机柜顶安装。

GPS 功分器：利用功分器可共享 GPS，可细分为 1/2 功分器、1/3 功分器、1/4 功分器。BBU 通过 RG 中频 SMA 连接线与现网 GPS 天馈系统的功分器相连，连接电缆不超过 5m。

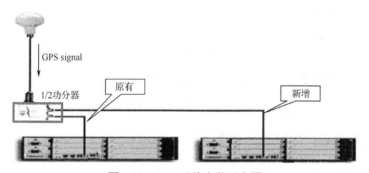

图 4-22　GPS 天线安装示意图

（4）馈线接地

三点接地：即电源线需要分别在距 RRU 下方、入馈线窗前 1m 处、上塔前 1m 处接地；当长度超过 60m 时需要在中间增加一处接地，如图 4-23 所示。

图 4-23　馈线接地

4. 典型施工图设计

1）TD-LTE 施工图设计

TD-LTE 基站组网示意图如图 4-24 所示。BBU 与 RRU 采用光纤直连，RRU 通过跳线连至天线端。DCDU 给 BBU 和 RRU 提供直流电。

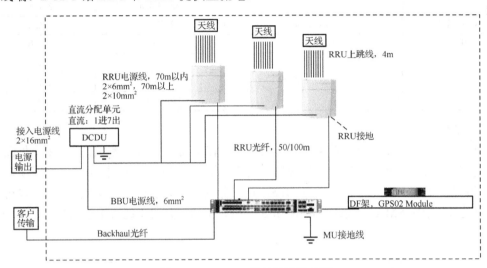

图 4-24　TD-LTE 基站组网示意图

TD-LTE 施工图设计及工作量示例如图 4-25 所示。

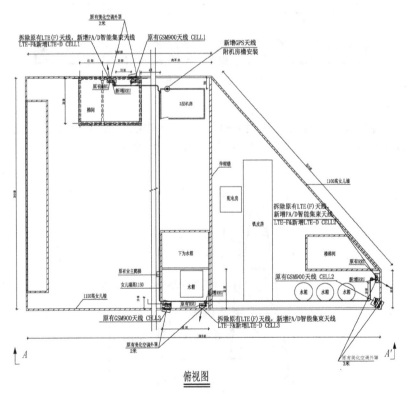

俯视图

图 4-25　TD-LTE 施工图设计及工作量示例

天馈安装材料表

序号	名称	规格	单位	数量	备注	
1	FA/D智能集束天线	摩比T-DA-01-00-334	副	3	支持1885~2635MHz,增益15/14.5/15dBi	甲供
2	室外RRU单元	RRUL8808 B41E(D频)	台	3		甲供
3	RRU光纤	LC-LC/LC-FC	米	195	CELL1:30米,CELL2:90米,CELL3:75米	甲供
4	RRU电源电缆	2×4mm²(直流)	米		CELL1:30米,CELL2:90米,CELL3:75米	甲供
		2×6mm²(直流)		30		
		2×10mm²(直流)		165		
		3×1.5mm²(交流)				
		3×2.5mm²(交流)				
5	LTE集束跳线	3米/条	条	6	每小区2条	甲供
6	LTE上跳线	3米/条	条		每小区9条	甲供
7	RRU接地线	1×16mm²	米	9	3米/条	甲供
8	美化方柱		套			甲供
9	GPS天线		副	1		甲供
10	GPS馈线		米	20		甲供
11	GPS馈线公头	N型	个	2		甲供
12	GPS馈线卡子		套	3		甲供
13	GPS避雷器		套	1		甲供
14	GPS功分器		个			甲供
15	PVC管	φ50	米	240		甲供
		φ32	米			乙供
16	波纹管	φ50	米	30		甲供
		φ32	米			乙供
17	AC-PSU 02/AC转DC模块		套		RRU侧	甲供
18	空开箱		套		拉远	乙供
19	空开箱电源线	3×2.5mm²	米		拉远	甲供
20	空开箱接地线	1×35mm²	米			甲供
21	合路器		台			甲供
22	合路器上跳1/2"馈线	每条1米	条		每台合路器1条	甲供

图例:

⬭ 其他运营商天线   ▬ 移动天线   ◉ GPS天线俯视图   ▽ 接地点   🄻🄰 RRU射频单元   ⊤ GPS天线侧视图

图 4-25 TD-LTE 施工图设计及工作量示例(续)

2）3D-MIMO 施工图设计

（1）主要设备介绍

以华为 3D-MIMO 产品为例。华为 3D-MIMO 产品为 AAU5270，如图 4-26 所示为 3D-MIMO 整体建设场景示意图。

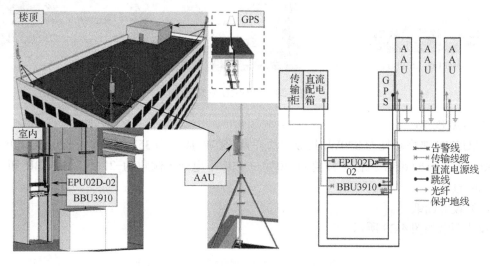

图 4-26 3D-MIMO 整体建设场景示意图

① 配电方案。

● 空开要求：要求两路 80A 或两路 100A。

● 配电要求：3D-MIMO 配电盒采用 2.0plus（EPU02D）。

● 电源拉远方案，3.3 方 0～50m，8.2 方 51～120m。

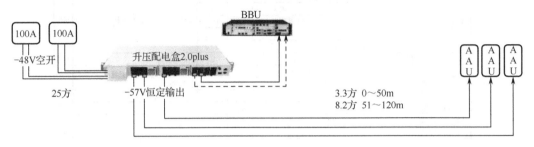

图 4-27　配电方案

② BBU 和 EPU02D。

BBU 采用 BBU3910，主控板为 UMPTe，基带板为 UBBPem，且一个小区配置一块 UBBPem 板，只支持 D 频段，BBU 至少 2 路 80A/100A 输入，如图 4-28 所示。基带板按 Slot4>Slot2>Slot5>Slot1>Slot0 次序选取槽位。

EPU02D 为升压配电盒，将-48V 电压升为-57V，配有 4 个 AAU 配电端口，但最多支持 3 个 AAU5270。

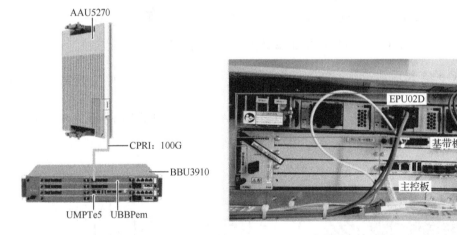

图 4-28　EPU02D 安装图

③ AAU5270。

AAU5270 典型功耗为 820W，其最大功耗为 950W，质量为 35kg，尺寸为 820mm×498mm×120mm，增益≥16.6dBi，机械下倾角为-20°～+20°，电子下倾角为-2°～8°。BBU 和 AAU 通过光纤直连。

（2）设计图纸

设计图纸如图 4-29 所示。

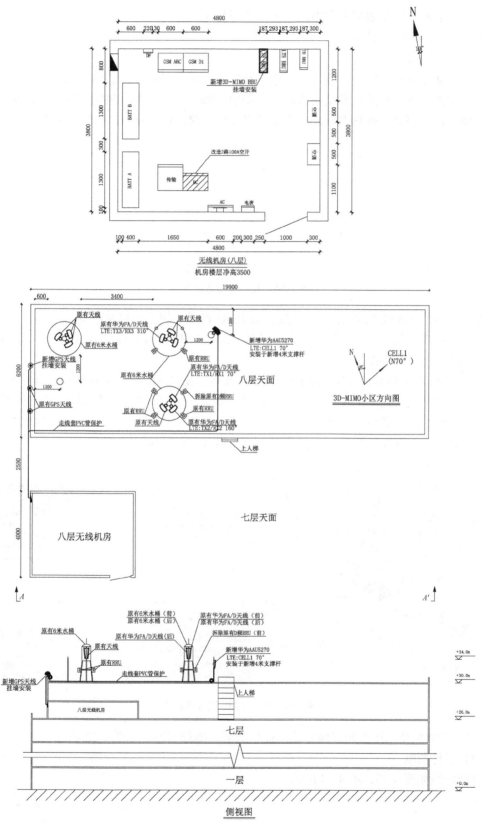

图 4-29　TD-LTE 设计图纸

工作量表和文字说明部分省略,可参考前面描述。

3)微小站施工图设计

(1)主要设备介绍

微小站属于低功率节点,覆盖范围内嵌在宏站覆盖区域中,当宏网络部署成熟、宏站升级和宏站加密仍然无法满足容量需求时,需要增加微小站补盲和分担宏站话务量,从而实现用宏站做覆盖、用微站做热点分流,容量增强及网络覆盖盲点补充,如图4-30所示。

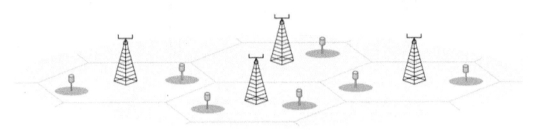

图 4-30   宏、微站结合部署

AAU3240 和 AAU5240 是华为开发的微 RRU 产品,用于微蜂窝组网、补盲、补热及需要伪装隐蔽覆盖的场景,可应用于室内外环境。AAU3240 通过光纤与 BBU 相连,并与 BBU 一起构成完整的 eNodeB。

AAU3240 是天线和射频单元集成一体化的模块,支持 FA 频段和 D 频段,其中 FA 频段支持 TDL 和 TDS 制式,D 频段支持 TDL 制式,集成了 RRU 和天线的功能,具有外形美观、体积小、重量轻、安装方便、快速易部署等特点。直流 AAU 的电源模块支持-48V DC 电压输入。交流 AAU 的电源模块支持 220V AC 电压输入,如图4-31所示。

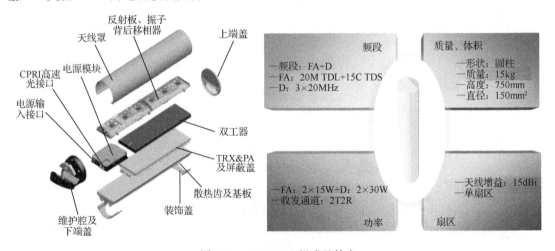

图 4-31   AAU3240 组成及特点

AAU3240 主要采用两种安装方式:挂墙安装、抱杆安装,如图4-32所示。

(2)设计图纸

设计图纸如图4-33、图4-34所示。

图 4-32　AAU3240 安装方式

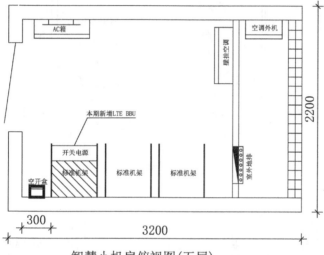

智慧小机房俯视图(五层)

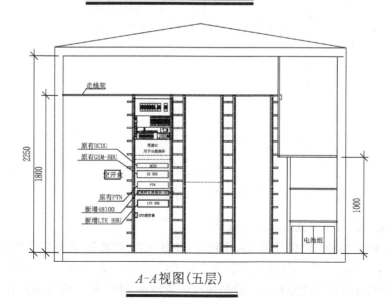

A-A视图(五层)

图 4-33　机房部分设计图纸

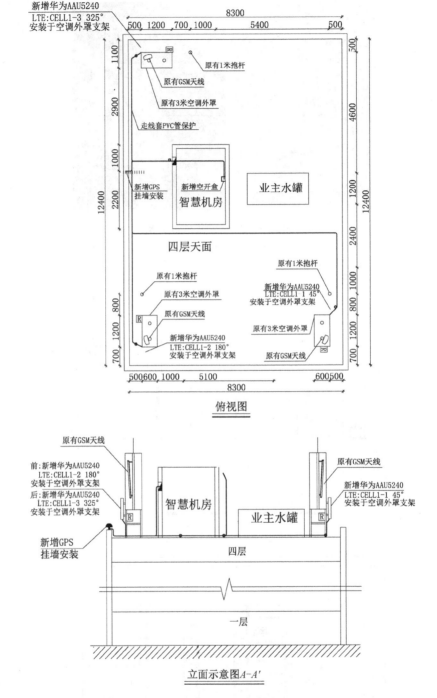

图 4-34 天馈部分设计图纸

4）GSM 老旧设备替换改造施工图设计

随着 GSM900、GSM1800、LTE-D、LTE-F、NB-IoT、FDD 多系统共存的场景越来越多，如果不采用必要措施，天面将无法共存如此多的天线。为了减少抱杆、天线数量，降低铁塔租金，GSM 老旧设备替换改造项目，除替换机房主设备 BBU 外，重点是天面改造，即采用全频段智能天线和多通道电调天线来替换原有单频段天线，天线部分介绍可参考第 2 章。

（1）RRU 方案

① 爱立信 RRU。

RRU-Radio4428 支持 4T4R，RRU-Radio2468 支持 2T4R，RRU-Radio2219 支持 2T2R，RUS01/ RUS 02 支持 1T2R，双拼可实现 2T2R 或 2T4R。

② 中兴 RRU。

R8862A 支持 2T4R，支持 GSM 900MHz 和 GSM 1800MHz，如只需 2T2R，则将 2 个 R 端口封堵即可。

R8852E 支持 2T4R，支持 GSM 900MHz 和 GSM 1800MHz，如只需 2T2R，则将 2 个 R 端口封堵即可。

R8854 支持 4T4R，只支持 GSM 1800MHz。

③ 华为 RRU。

GSM 900MHz：RRU3953 支持 2T4R；RRU3959、RRU3908 支持 2T2R。

GSM 1800MHz：RRU33971 支持 4T4R，RRU3959、RRU3929、RRU3938 支持 2T2R。

（2）设计方案

① 爱立信替换升级方案。

将爱立信老旧设备 RBS2202/2206/6201 拆除，替换成新设备 RBS6601，如果该站只开通 GSM，则新增 DUG 板（一块板最多支持 12 个载波），如果新增 NB/FDD 功能，则再新增 Baseband 5212 板。DUG 板通过 75Ω 同轴电缆与传输相连，Baseband5212 通过两芯光纤与传输相连。因 DUG 和 Baseband5212 间无转换单元，需各自通过独立光纤连至 RRU，如图 4-35 所示。

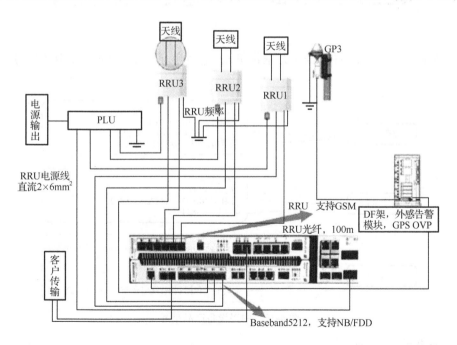

图 4-35　爱立信替换升级方案

② 华为 OneLTE 设计方案。

随着网络建设的深入开展，天馈存在多系统、多制式、多载波、多流 MIMO、多运营商的情形，存在 2G/3G/4G/NB "四世同堂" 的网络结构。原有杆体（如美化空调、美化方柱、集束圆形美化天线等）无法承受如此多幅天线和 RRU，需开展对现网天面专项改造。华为 OneLTE 设计集成了各个系统。

主控板：TDD、FDD 和 NB 共主控，GSM 独立主控。

基带板：TDD 与 FDD/NB 独立基带板。

射频：TDD 独立及使用 RRU，GSM、FDD 和 NB（合称 GFN）共用 RRU。

电源：GFN 制式 RRU 单独 DCDU 供电，TDD RRU 单独 DCDU 供电。

传输：GSM 基站可采用 TDM 原有 SDH 传输，如需 IP 化方式承载需要扩容 BSC 接口板，TNF 可共传输。

天面：TDD 独立天面，GFN 共天面。

时钟：LTE 使用 GPS 时钟，GSM 跟踪对端时钟。

③ 中兴现网 TDD 升级改造 GTNF 站点。

工程实施方案：CCE1+CCF0+FS（TDD 利旧）+FS（FDD 选配）+BPN2+TDD 基带板（利旧）+UBPG3（选配）+FA4A。在现网 BBU 上增加 CCF0 承载 GNF 业务，同时增加 GSM 基带板 UBPG3，NF 基带板 BPN2，如图 4-36 所示。

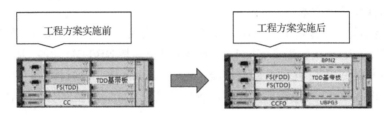

图 4-36　中兴 GTNF 改造方案

另中兴改造方案存在多种场景，其基带单元、射频单元、天馈单元可采取的型号如图 4-37 所示。

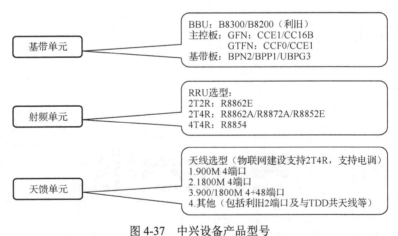

图 4-37　中兴设备产品型号

5）高铁基站施工图设计

（1）方案介绍

常规基站天面有 3 个小区，一般不超过 4 个小区。高铁基站如仍按常规方式在一个天面建 3 个小区，由于高铁列车行驶速度快，则无法驻留在一个基站就需要进行切换，这样就会不断切换，根本无法驻留在一个基站。同时驻留时间过短，很多情况下来不及切换就会掉线，且由于存在多普勒频移现象，接收到的频率会发生改变，引起干扰。因此高铁基站是将若干个拉远天线通过级联方式连至同一个 RRU，即将铁路沿线若干幅天线接收到的信号汇集至同一个 RRU（同一小区），实现小区分裂的，这样快速行驶的高铁列车会长时间驻留在同一小区，示例如图 4-38 所示。

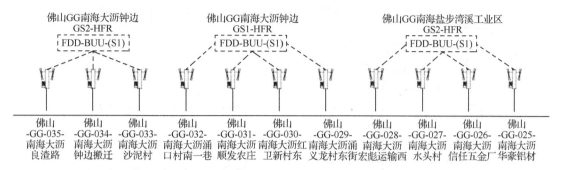

图 4-38　高铁小区分布示例

高铁覆盖场景有许多种，这里只讲解一种 FDD 共小区方案，如图 4-39 所示。

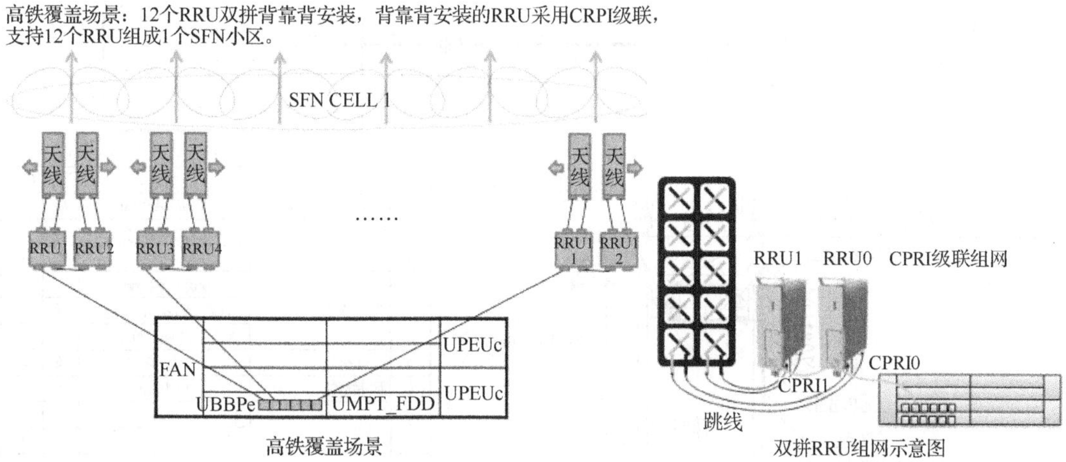

图 4-39　FDD 共小区方案

LTE FDD 目前最多支持 6 个物理小区组成 1 个 SFN 小区。在高铁覆盖场景可以配置成 12 个 20M 2T2R 小区组成一个 SFN 小区，UBBPe11 一块单板就可以支持。可以采用两个 2T2R RRU 双拼背靠背安装支持 12 个 RRU 组网，实际上配置还是 6 个 20M 4T4R 物理小区。

但一个物理小区内只支持相同型号的 RRU 双拼，采用 UBBPe 单板，双拼的 RRU 支持的最大距离是 2km。高铁覆盖场景只能配置 9.8GHz 光模块，不能配置 2.5GHz 光模块。

（2）设计图纸

高铁基站设计图纸示例如图 4-40 所示。

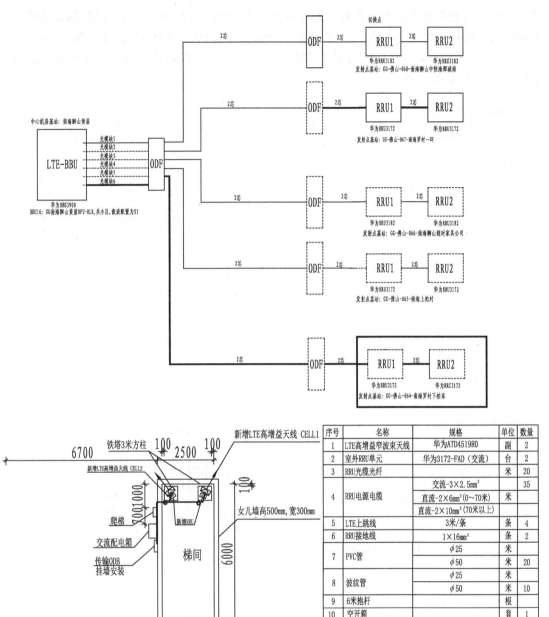

图 4-40　高铁基站设计图纸示例

4.3　5G 室外站改造方案

　　中国联通和中国电信 5G 均使用了 3.5GHz 高频段组网,必然需要新增大量基站,而共享中国移动基站将有效提高站址利用率,节省投资,减少选址困难,缩短建设周期。但在提高共享率的同时,必然会给原有机房和天馈带来一系列问题,如外电容量不足、整流模块不足、机房空间不足、天馈资源紧张加剧等。因此,铁塔部门必须对原有机房和天馈开展改造,包括机房空间、机房电源、机房传输及天馈改造。

　　5G 室外站点整体建设流程如图 4-41 所示，其原则是尽量利旧原有天馈和机房条件。

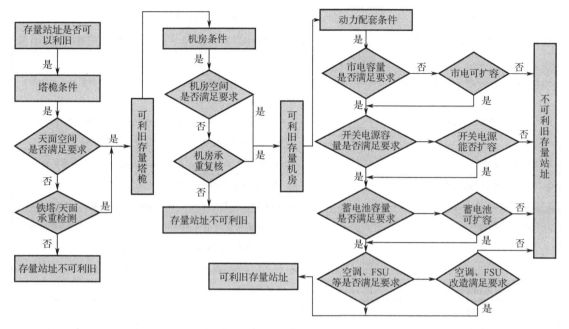

图 4-41　5G 室外站点整体建设流程

　　基站改造方案可分为直流方案和交流方案，如图 4-42 所示。其中直流方案一般用于 D-RAN（BBU 和 AAU 在同一站址），交流方案一般用于 AAU 拉远小区（BBU 和 AAU 不在同一站址）。

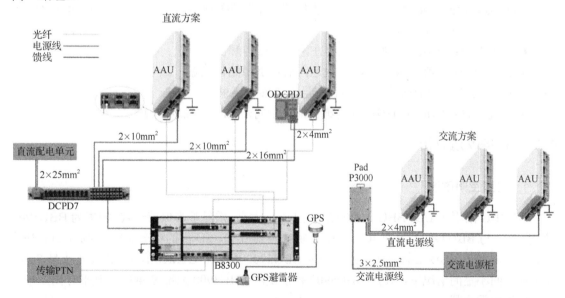

图 4-42　基站改造方案

　　从机房电源、机柜设备安装空间、天面安装空间三个维度，根据 5G 设备资源需求，综合评估机房电源、机柜设备安装空间、天面安装空间的资源满足度，如表 4-9 所示。

表 4-9　新增 5G 设备各维度判断原则

关　注　维　度	分析判断原则
① 机房电源信息调研。	① 机房电源满足度分析方法。
➤ 机房、电源柜交流输入电压/空开	➤ 若 $P_{交流引入}-P_{通信设备}-P_{蓄电池}-P_{空调}-P_{5G}$ >2kW，交流满足要求，否则需扩容；
➤ 直流柜整流模块规格/数量/剩余槽位	➤ 若电流 $I_{(5G)}$/电流 $I_{(直流可用容量)}$ > $I_{剩余槽位}$，可直接扩容，否则需扩容电源柜；
➤ 空开/熔丝剩余数、规格	➤ RRU 直连场景，需 2×80A 或 1×160A；RRU 直接从配电柜取电，剩余空开/熔丝数>3 个 32A，满足要求，否则需扩容；
➤ 备电时长要求	➤ 备电时长大于 3 小时，备电时长满足要求，否则需要扩容
② 机柜设备安装空间调研。	② 机柜设备安装空间满足度分析方法。
➤ 存量机柜内剩余安装空间	➤ 机柜内剩余安装空间>4U，BBU 安装空间满足要求，否则需扩容；
➤ 机房新增综合柜空闲空间	➤ 机房内剩余空间>0.6m×0.8m²，周边无阻碍，新增综合柜空闲空间满足要求，否则需扩容；
➤ 挂墙安装空间满足度	➤ 墙体为砖体/混凝土结构，且客户同意挂墙，挂墙空间满足要求，否则需扩容
③ 天面安装空间调研。	③ 天面安装空间满足度分析方法。
➤ 存量可安装 5G-AAU 抱杆数	➤ 楼顶/塔上有存量抱杆可直接安装 AAU，否则不满足要求；
➤ 新增抱杆空间	➤ 楼顶/塔上空间隔离度>水平隔离 0.5m&垂直隔离 0.2m，可新立抱杆，否则不满足要求；
➤ 单扇区天线合路空间	➤ 单扇区有 2 面及以上，移动天线可合并，否则不满足要求

5G 站点建设面临 4 大挑战，需要至少提前 1 个月勘测规划，一站一案，为快速部署做准备，需着重关注以下 4 点：

● 电源配套：电源、电池扩容如存在困难，如何解决。

● 前传资源：C-RAN 机房 AAU 拉远，前传资源如何规划。

● 机房空间：机房&机柜空间能否满足直接部署要求。

● 天面条件：NB/2G/3G/4G 占用绝大部分空间，5G 天面如何部署。

4.3.1　机房改造分析

1. 机房空间改造

5G-BBU 沿用了 LTE-BBU 的物理形态，尺寸、大小、重量基本保持一致，如华为 BBU5900（用于 5G）与 BBU3900（用于 4G）一样，均为 19 英寸宽、2U 高的标准插框。因此，5G-BBU 安装方式与 LTE-BBU 安装方式一致。华为 BBU5900 不支持 GTMU 单板，因此不支持 2G，在机房空间不足的情况下，使用 BBU5900 替换现网 BBU3900 来部署 4G/5G 共框分离主控。

（1）空间现状

目前，机房中多系统、多运营商共存，GNF900、GNF1800、LTE-D 频段、LTE-F 频段、BBU+微小拉远 BBU+室分拉远 BBU 等 BBU 主设备较多。对于宽敞的机房，增加 5G-BBU 无困难，对于空间狭小的机房和一体化柜站点，增加 BBU 存在困难。此外 5G 需新增或改造交流电源、直流电源、蓄电池和传输设备等，需更大的操作空间。

（2）改造方案

在空间充裕的条件下，BBU 可安装于落地主设备机架、传输机柜或一体化柜，也可挂墙安装；在空间有限的情况下，若业主不允许新增机柜，原有机柜又满载时，应将多系统整合，如将 LTE-D 频段和 LTE-F 频段整合成一个 BBU，将 GNF 和 LTE 整合成一个 BBU，但应注意割接时的风险。

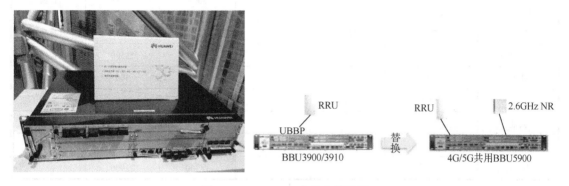

图 4-43　BBU5900 实物和模拟图

2. 机房电源改造

机房电源改造涉及的责任单位和内容较复杂，施工周期长，难度较大，如图 4-44 所示。电源改造涉及交流外电（改造周期最长）、DC 电源、蓄电池、空开、DCDU、升压设备。

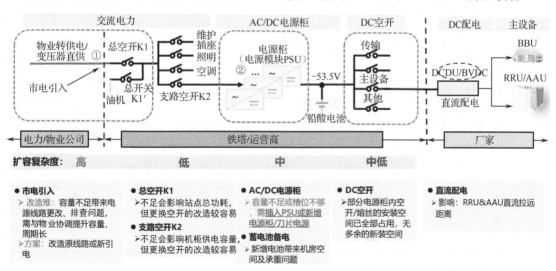

图 4-44　机房电源改造内容

由于中国联通、中国电信采用 3.5GHz 频段开展 5G 建设，需要建设比 4G 更多的基站，必将优先共享中国移动机房，这将给机房供电带来新的挑战。以中国联通和中国电信共享中国移动机房为例，若原机房共有 2 套系统，现需新增 3 套 5G NR 系统，华为和中兴设备满负荷运行时功耗情况如表 4-10 所示。

表 4-10　机房设备满负荷运行时功耗表

设　备	功耗（华为）/W	功耗（中兴）/W	个　数	合计（华为）/W	合计（中兴）/W	属　性
GNF900M、LTE-BBU	600	600	2	1200	1200	直流
GNF900M、LTE-RRU	500	500	6	3000	3000	直流
5G-BBU	1000	1300	3	3000	3900	直流
5G-AAU	1200	1500	9	10800	13500	直流
传输	300	300	1	300	300	直流
空调	3000	3000	1	3000	3000	交流
其他	—	—	—	1000	1000	交流
合计	—	—	—	22300	25900	
其中，直流	—	—	—	18300	21900	

5G 承载容量增至原有 LTE 的 10 倍，BBU 运行功耗增加了 2 倍，AAU 功耗比原有 LTE-RRU 功耗也增加了 2 倍。因此，需重新核对原有机房的交流端子容量、直流空开端子、直流整流模块数量、主线芯截面积是否满足新增 NR 的需求。

电缆载流量表如表 4-11 所示，其中左侧为交流电缆载流量表，右侧为直流电缆载流量表。

表 4-11　电缆载流量表

四芯电缆载流量表—交流		单芯电源线缆载流量表—直流	
主线芯截面积/mm²	1kV（4 芯，35℃）载流量/A	主线芯截面积/mm²	RVVZ（4 芯，35℃）载流量/A
4	25	1	16
6	33	1.5	20
10	44	2.5	27
16	60	4	36
25	81	6	47
35	102	10	64
50	128	16	90
70	159	25	119
95	195	35	147

（1）外电交流端子容量计算

以外电采用三相电为例，载流量计算公式为

$$I = \frac{\alpha \times P}{\gamma \times 380 \times 1.73} \tag{4-1}$$

其中，α 为安全系数，一般取值 1.25；γ 为冗余损耗，一般为 0.8；P 为设备总功耗，这里取值 22300W。于是，I=1.25×22 300/0.8/380/1.73≈53A，即外电交流端子容量必须大于 53A。查表 4-11 左侧，电缆主线芯截面积需大于等于 16mm。

此外，由于机房一路外电功率为 20kW，而新增 3 套 5G 系统后，华为设备总功耗达到 22.3kW，中兴设备总功耗达到 30.1kW，因此必须委托铁塔新增一路外电。

（2）直流整流模块数量计算

直流设备总电流计算公式为

$$Q = \frac{P}{48} + \frac{W}{10} \tag{4-2}$$

其中，P 为设备总功耗，W 为蓄电池总容量。以华为设备功耗为例，代入数值，即 $Q = 18\ 300/48 + 2 \times 500/10 = 481.25\text{A}$。

若每个整流模块为 50 A，在增加 1 个冗余保护的情况下，共需整流模块数 n=481.25/50+1≈11 个。

目前，大部分机房无法达到此要求，必须委托铁塔新增整流模块或新增 DC 整流柜。

（3）5G 空开端子容量计算

由于 I=1.25（安全系数）×设备功耗/48V，以华为设备功耗为例，I=1.25×（1200×3+1000）/48≈120A，即 5G 空开端子必须大于 120A。查表 4-11，要求电缆主线芯截面积大于 25mm²。总结如图 4-45 所示。

华为设备	中兴设备
□ 外电交流端子容量： 三相电：$I=P/U$=1.25（安全系数）×设备总功耗/0.8（冗余损耗）/380/1.73 即 I=1.25×22300/0.8/380/1.73≈53A，查表主线芯截面积≥16mm² □ 直流整流模块个数： 需配置的容量=（设备总功耗/48+蓄电池总容量/10） 即 Q=（18300/48+2×500/10）=481.25A 若每个整流模块为 50A，则需整流模块数 n=481.25/50+1≈11 个 □ 5G 空开端子容量： I=1.25（安全系数）×设备功耗/48 I=1.25×（1200×3+1000）/48≈120A 主线芯截面积>25mm²	□ 外电交流端子容量： 三相电：$I=P/U$=1.25（安全系数）×设备总功耗/0.8（冗余损耗）/380/1.73 即 I=1.25×25900/0.8/380/1.73≈61.6A，查表主线芯截面积≥25mm² □ 直流整流模块个数： 需配置的容量=（设备总功耗/48+蓄电池总容量/10） 即 Q=（21900/48+2×500/10）=556.25A 若每个整流模块为 50A，则共需整流模块数 n=556.25/50+1≈12 个 □ 5G 空开端子容量： I=1.25（安全系数）×设备功耗/48 I=1.25×（1500×3+1300）/48≈151A 主线芯截面积>35mm²

图 4-45　机房电源计算

（4）BBU-AAU 线缆截面积计算

工程上，常用固定压降分配法计算，压降计算公式为

$$\Delta U = \frac{2 \times I \times L}{\gamma \times S} \tag{4-3}$$

其中，ΔU 为压降；γ 为铜的电导率，取值 57；I 为电流；L 为电源线长；S 为截面积。

下面以表 4-10 所示的华为设备功耗为例，说明机房电源设备的需求计算过程。

对于华为 AAU，根据 I=1.25（安全系数）×设备功耗/48，有 I=1.25×1200/48≈32A。查表 4-11 右侧，截面积大于等于 4mm²。

对于中兴 AAU，根据 I=1.25（安全系数）×设备功耗/48，有 I=1.25×1500/48≈39A。查表 4-11 右侧，截面积大于等于 6mm²。

若电源线长 50m，按照式 4-3 计算，则华为设备压降和中兴设备压降分别为

$$\Delta U = 2 \times I \times L / \gamma / S = 2 \times 32 \times 50 / 57 / 4 \approx 14\text{V} \tag{4-4}$$

$$\Delta U = 2 \times I \times L / \gamma / S = 2 \times 39 \times 50 / 57 / 6 \approx 11.4V \qquad (4\text{-}5)$$

两式表明华为 AAU 线缆采用 4mm^2 截面积，压降达 14V；中兴 AAU 线缆采用 6mm^2 截面积，压降达 11.4V，电压下降过大，因此应增大截面积，减小压降。

如果要求压降不大于 8V，50m 的电缆截面积为

华为 AAU 截面积采用 10mm^2：$\Delta U = 2 \times I \times L / \gamma / S = 2 \times 32 \times 50 / 57 / 10 \approx 5.6V$

中兴 AAU 截面积采用 10mm^2：$\Delta U = 2 \times I \times L / \gamma / S = 2 \times 39 \times 50 / 57 / 10 \approx 6.8V$

两式说明，电源线长在 50m 内，华为、中兴 AAU 线缆均采用 10mm^2 截面积，电压下降在合理范围内。若电源线长超过 50m，线缆应继续加粗。若线路过长（超过 100m），无法继续通过增大截面积来减小压降时，可在线路中间加装外置升压设备来补充压降。在实际工程中，设备厂家都会提供线缆大小指导意见。

（5）节能措施

虽然 5G-BBU 和 AAU 功耗较大，但 5G 话务并不总是满负载的，尤其在 5G 初期，用户少，大部分流量仍采用 4G 载荷，因此实际 5G 功耗远低于理论值。另可通过多载频智能关断和射频通道智能关断等措施，依据业务容量大小灵活开启或关闭部分 AAU 通道电源以节省用电，缓减用电瓶颈，如图 4-46 所示。

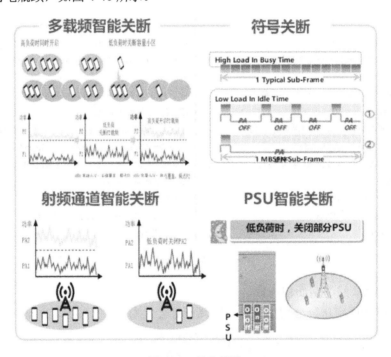

图 4-46　节能措施

经测试，射频通道智能关断的收益为 7%，符号关断的收益为 15.7%，多载频智能关断的收益为 14%，三个同时开启时综合收益为 25%。虽然关闭了部分通道，但对流量 KPI 无明显负增益。

若采用 AAU 拉远方式，AAU 可采用交流方案，即将交流电通过 Pad P3000 等交转直设备转成直流电后给 AAU 供电，计算原理跟直流方案一致，不再叙述。

（6）外电交流解决方案

外电改造方案示例如图 4-47 所示。

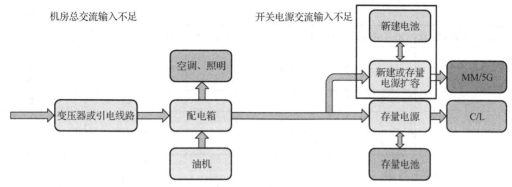

图 4-47 外电改造方案示例

① 机房总交流输入不足：需扩容交流总输入。

可更换大容量变压器、更改线路线缆、更改前级空开容量。其改造成本高，施工周期长，一站一方案。

② 开关电源交流输入不足：需扩容开关电源交流输入。

可更换交流配电盒输出空开（交流配电盒输出空开小于开关电源输入空开）。其改造成本较低，施工周期短。

依据现网系统数，表 4-12 汇总了各种站点类型外电引入容量、交流引入电缆截面积的参考值。

表 4-12 外电引入容量、交流引入电截面积径参考值

序号	2G～4G 系统数/套	5G-AAU 数	5G-BBU 数	市电容量需求/kVA	铝芯电缆截面积/mm²	铜芯电缆截面积/mm²
1	2	3	1	14	4×6	4×6
2		6	2	21	4×16	4×10
3		9	3	30	4×25	4×16
4		3	5	23	4×16	4×10
5		6	6	30	4×25	4×16
6	3	3	1	16	4×10	4×6
7		6	2	26	4×16	4×10
8		9	3	33	4×25	4×16
9		3	5	26	4×16	4×10
10		6	6	31	4×25	4×16
11	4	3	1	22	4×16	4×10
12		6	2	27	4×25	4×16
13		9	3	34	4×25	4×16
14		3	5	27	4×25	4×16
15		6	6	34	4×25	4×16
16	5	3	1	23	4×16	4×10
17		6	2	30	4×25	4×16
18		9	3	36	4×25	4×16
19		3	5	30	4×25	4×16
20		6	6	36	4×25	4×16

序号	2G~4G 系统数/套	5G-AAU 数	5G-BBU 数	市电容量需求/kVA	铝芯电缆截面积/mm²	铜芯电缆截面积/mm²
21		3	1	26	4×16	4×10
22		6	2	32	4×25	4×16
23	6	9	3	39	4×35	4×25
24		3	5	32	4×25	4×16
25		6	6	39	4×35	4×25

（7）直流电解决方案

若条件允许，在直流电容量不够的情况下，可新增整流模块或 DC 电源柜。若机房无空间新增整流模块或电源柜，则采用刀片式解决方案，如图 4-48 所示，可减少建设成本，快速叠加实现扩容。

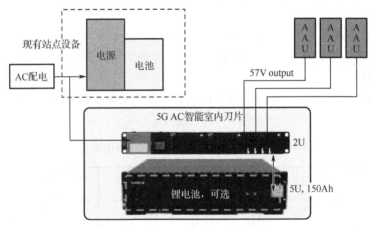

图 4-48　室内直流快速扩容方案

当然也可采用前述的室外交转直方案，即采用室外刀片电源就近供电，可快速实现 AAU 直流供电，如图 4-49 所示。

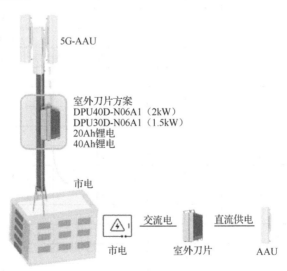

图 4-49　室外刀片方案

3. 机房传输改造

5G 将采用切片分组网 SPN 技术建设一张全新的传输网络来承载 5G 业务。SPN 面向 PTN 演进升级、互通，4G 与 5G 业务互操作，需前向兼容现网 PTN 功能；面向大带宽和灵活转发需求，需进行多层资源协同，同时融合 L0~L3 能力；而针对超低时延和垂直行业，需支持软、硬隔离切片，需融合 TDM 和分组交换。

前传纤芯需求：若采用 D-RAN 方式，则 5G 采用速率为 25Gb/s 的光模块和 2 芯多模光纤或 1 根单芯双向光纤。光纤采用 eCPRI，解决了大带宽和光纤部署受限的挑战。BBU 和 AAU 之间光缆芯数量需求：一个 160MHz AAU。各厂家纤芯需求：华为两对，中兴四对，爱立信两对。

回传纤芯需求：采用站点机房跳接到中心机房的裸纤，单站需 2 芯光纤，10Gb/s 或 50Gb/s。

5G 单小区频谱效率峰值为 40bit/Hz，均值为 10bit/Hz，带宽为 100MHz，另有 10%传输封装开销、20%X_n流量，1∶3 TDD 上下行占比。

单小区速率=带宽×频谱效率×（1+传输封装开销）×TDD 上下行占比，即

小区峰值=100MHz×40bit/Hz×1.1×0.75=3.3Gb/s

小区均值=100MHz×10 bit/Hz×1.1×0.75×1.2=0.99Gb/s

对于传输接入网，5G 单基站的峰值需求达到了 5.1Gb/s，是 LTE 基站需求的 5~10 倍。建议 gNB 回传接口（NG/F1 接口）采用 10GHz 以上光模块（LTE 采用 1GE 光口，GSM 采用 FE 百兆电口）。为预防将来容量出现爆炸性增长，实际工程上将采用 25GHz/50GHz 光模块。

若集中机房 8 个 BBU 组成环，汇聚层 6 个节点成环，核心层 6 个节点成环，则传输骨干网的带宽需求计算示例如图 4-50 所示。

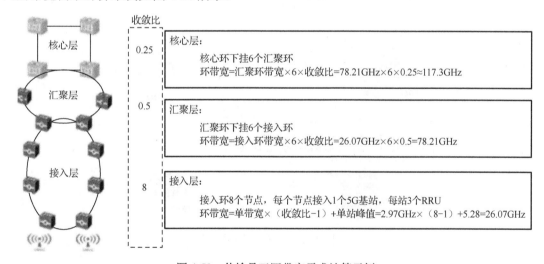

图 4-50　传输骨干网带宽需求计算示例

实际工程中，将接入层传输设备替换升级为支持 25GHz/50GHz 光口的设备，如将华为 PTN960 替换升级为 PTN970。对于汇聚层（A 设备、B 设备）和核心层（ER 设备），除部分老旧设备需升级外，大部分设备近期将保持不动，待后期依据网络的需求逐步替换升级，如图 4-51 所示。

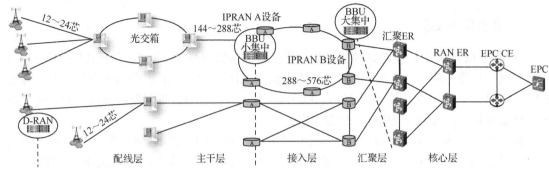

图 4-51　传输网设备升级

对于前传方案可采用如图 4-52 所示的三种方案：双芯单向光纤直连、单芯双向光纤直连、无源波分方案，实际工程按不同场景按需选择。

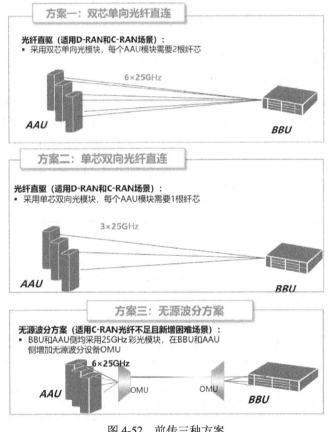

图 4-52　前传三种方案

4.3.2　天馈改造分析

5G 网络建设中天馈系统的安装条件是制约基站建设的一个关键因素，应因地制宜选择合理的天馈支撑结构方案，需利旧的塔架应根据工艺需求进行结构承载复核；由于 5G 网络的 AAU 单元与现有天线存在较大的差异，重量和综合风阻较大，应充分复核天线的风荷和天线支撑结构的固定问题，美化天线应确保基础结构和自身结构的安全可靠，并应采用多重锚固措施，避免在极限荷载下美化天线倾倒、坠落等危险情况的发生。

1．天馈现状

当前基站天面天线存在着多频段、多流 MIMO、多载波、多制式、多运营商等情况，天线数量种类繁多，天馈早就不堪重负，5G 网络天馈系统将采用 AAU 方式，无法与其他系统合路共用天线，天面将出现 2G/3G/4G/5G 系统共存的情况，原有杆体（如美化空调、美化方柱、集束圆形美化天线等）无法承受多幅天线和 RRU，需对现网天面开展专项改造。若每家运营商每个小区再新增一套杆体，绝大多数天馈资源将无法满足，5G 建设将受滞于天面空间的不足。

首先调查目前天面的现状，以中国移动一家运营商为例，现网最复杂情况下站点存在GSM900、FDD900、NB900、DCS1800、FDD1800、NB1800、LTE-D、LTE-F 共 4 频 8 模（基站若有 3G 系统，可将其彻底拆除，空余抱杆用于安装 5G 天线）。另中国联通亦有 3 频 7 模，中国电信有 3 频 6 模，如图 4-53 所示。

中国移动：4频8模
GNF900系统：GSM900、FDD900、NB900；
GNF1800系统：DCS1800、FDD1800、NB1800；
LTE-D；
LTE-F。

中国联通：3频7模
900M系统：GSM900、FDD900、NB900；
1800M系统：GSM1800、FDD1800；
2100M系统：WCDMA、FDD2100。

中国电信：3频6模
900M系统：FDD900、CDMA DO、CDMA X1、NB；
1800M系统：FDD1800；
2100M系统：FDD2100。

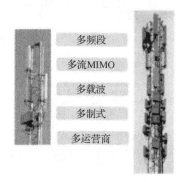

多频段
多流MIMO
多载波
多制式
多运营商

φ1200圆形美化罩　600×600方型罩　美化天线　圆形美化天线<1000

下倾角&水平方向角受限；无散热孔　　下倾角和水平方向角受限；无散热孔　　不能利旧　　不能利旧多扇区Mh

图 4-53　天面现状

5G-AAU 设备承重较 4G 常规天线增加 2 倍，但尺寸有所减少，且集成了 RRU 设备，因此施工前均需重点核实 5G 天线安装后杆体的承载能力及风阻，如图 4-54 所示。

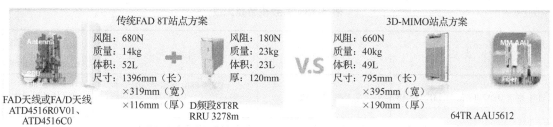

图 4-54　5G 天线与常规天线参数对比

2. 多频段天线介绍

要实现多天线整合，就需要用到多频段智能天线，如"4+4"天线、"4488"天线、"2288"天线、"2222"天线，均可以有效整合多个系统和频段，可用于 5G 天面的整治，如图 4-55 所示。

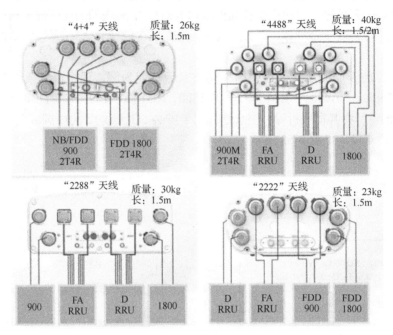

图 4-55 天面整合常用天线

"4488"天线共有 12 个端口，其中 4 个端口接 GNF900 RRU，4 个端口接 GNF1800 RRU，2 个集束口接 TDD-D-RRU，2 个集束口接 TDD-F-RRU，可实现 GNF 4T4R 和 8 通道 TDD。

"2222"天线共有 8 个端口，其中 2 个端口接 GNF900 RRU，2 个端口接 GNF1800 RRU，2 个集束口接 TDD-D-RRU，2 个集束口接 TDD-F-RRU，可实现 GNF 2T2R 和 2 通道 TDD。

"2288"天线共有 8 个端口，其中 2 个端口接 GNF900 RRU，2 个端口接 GNF1800 RRU，2 个集束口接 TDD-D-RRU，2 个集束口接 TDD-F-RRU，可实现 GNF 2T2R 和 8 通道 TDD。

"4+4"天线共 8 个端口，其中 4 个端口接 GNF900，4 个端口接 GNF1800，可实现 GNF 的 4T4R。

市面上还有其他厂家的多种多频段智能天线可用于天馈整改，如表 4-13 所示。

表 4-13 多频段智能天线

序号	天线型号	天线名称	支持频段/MHz	天线尺寸/mm³	天线质量
1	京信 ODI2-065R15A18K-G，Ⅶ	"4+4"天线	820~880、820~880、1710~2170、1710~2170	1580×445×130	25kg
2	京信 ODI2-065R17A18K-G，Ⅶ	8 端口嵌入式 RCU 电调天线	820~880、820~880、1710~2170、1710~2170	2090×445×130	33kg

续表

序号	天 线 型 号	天 线 名 称	支持频段/MHz	天线尺寸/mm³	天线质量
3	京信 ODI2-065R17G18K-G（Ⅷ）	8 端口多频共用电调天线	880～960、880～960、1710～2170、1710～2170	1980×428×160	30.5kg
4	京信 ODI2-065R15G18K-G（Ⅶ）	8 端口 65 双极化天线	880～960、880～960、1710～2170、1710～2170	1325×438×160	21.5kg
5	京信 ODV-065R15B18KK	6 端口 65 双极化天线	820～960、1710～2170、1710～2170	1390×385×138	15kg
6	华为 AQU4517R5v05	"2288" 天线	885～960、1710～1830、1885～1920、2010～2025、2575～2635	1499×449×196	30.6kg
7	华为 ASI4517R2	"4488" 天线	2×（885～960）、2×（1710～1830）、1885～1920、2010～2025、2575～2635	1549×499×206	40kg
8	华为 AQU4518R33	"4+4" 900/1800 双频电调天线	2×（820～960）、2×（1710～2180）	1499×429×196	26kg
9	华为 AQU4518R31	"2222" 天线	790～960、1710～2200、1710～2170、2490～2690	1499×349×166	23.2kg

3. 独立天线天馈改造方案

下面以中国移动为例分不同场景讲解天馈改造方案，中国电信和中国联通参照相关原理进行。

由于中国移动 D 频段和 5G 均为 2.6GHz，因此存在 D 频段系统的站点优选 AAU，替换 D 频段独立天面，4G/5G 共 AAU 部署，次选新建、合并天面。

（1）TDD-D/5G 共用 AAU

在原有 D 频段系统基础上新增 5G 系统，将 D 频段和 5G 系统融合，部署 5G 制式的同时，提升了 D 频段的性能，如图 4-56 所示。

图 4-56 2.6GHz 天面改造方案

（2）最复杂场景——4 频 8 模

站点存在 GSM900、FDD900、NB900、DCS1800、FDD1800、NB1800、LTE-D、LTE-F 4 频 8 模，其中，

GSM900、FDD900、NB900 三个系统可共用 1 个 BBU，共用 1 个 RRU，共用 1 幅天线。

DCS1800、FDD1800、NB1800 三个系统可共用 1 个 BBU，共用 1 个 RRU，共用 1 幅天线。

这样该站点加上 LTE-D、LTE-F 共有 4 个 BBU，每小区有 4 个 RRU 和 4 幅天线。若最复杂场景解决了，其他场景将迎刃而解。

① 在"4488"天线存资、承重、空间均满足的情况下。

由于 5G 天线将 RRU 和天线集合在一起，因此 5G 的 AAU 不可能和其他系统合并整合，因此必须将其他天线整合在一起。

"4488"天线共有 12 个端口，其中 4 个端口接 GNF900 RRU，4 个端口接 GNF1800 RRU，2 个集束口接 TDD-D-RRU，2 个集束口接 TDD-F-RRU，可实现 GNF 4T4R 和 8 通道 TDD。这样天面每小区 2 幅天线就可实现天馈的共存，如图 4-57 所示。

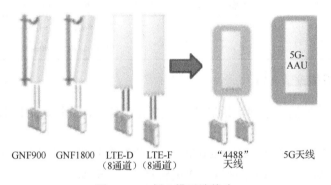

图 4-57　4 频 8 模天馈整改

若原有 TDD 系统为 2 通道天线，则使用"2222"天线，其中 2 个端口接 GNF900 RRU，2 个端口接 GNF1800 RRU，2 个集束口接 TDD-D-RRU，2 个集束口接 TDD-F-RRU，可实现 GNF 2T2R 和 2 通道 TDD，如图 4-58 所示。

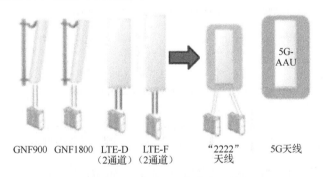

图 4-58　"2222"天线整合天馈

② 在"4488"天线物资缺货或承重不满足要求的情况下。

因为"4488"天线较常规天线重，若核实杆体无法满足该天线承重或此天线面临缺货的情况下，可使用"2288"天线代替，如图 4-59 所示。

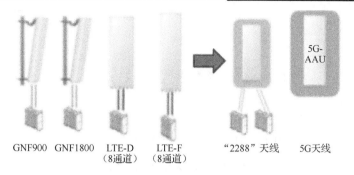

GNF900　GNF1800　LTE-D　LTE-F　　"2288"天线　5G天线
　　　　　　　　　（8通道）（8通道）

图 4-59　"2288"天线整合天馈

③ 在"4488""2222""2288"天线均缺货或无法安装的情况下。

在上述天线均缺货或无法安装的情况下，可使用"2+2"天线，该天线共有 4 个端口，其中 2 个端口为 870～960MHz，2 个端口为 1710～2635MHz（为电口），故 2 个端口接 GNF900，另 2 个端口可接 GNF1800、TDD-F、TDD-D 经三频合路器合路之后的馈线，如图 4-60 所示。

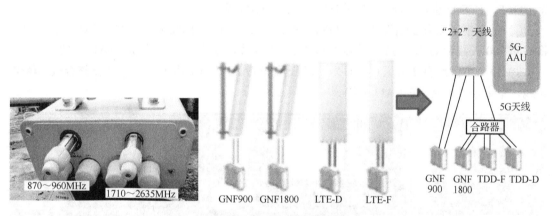

870～960MHz　1710～2635MHz　　GNF900　GNF1800　LTE-D　LTE-F　　　"2+2"天线　5G天线　合路器　GNF 900　GNF 1800　TDD-F　TDD-D

图 4-60　"2+2"天线整合天馈

（3）无 TDD 系统场景

站点只有 GNF900 和 GNF1800，无 TDD 系统，则采用"4+4"天线整合，其中 4 个端口接 GNF900，4 个端口接 GNF1800，可实现 GNF 的 4T4R，如图 4-61 所示。

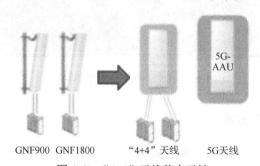

GNF900　GNF1800　　"4+4"天线　5G天线

图 4-61　"4+4"天线整合天馈

（4）无 GNF 系统场景

站点只有 LTE-D 和 LTE-F，无 GNF 系统，则采用常规 FA/D 天线整合，其中 2 个集束口接 LTE-D，2 个集束口接 LTE-F，如图 4-62 所示。

5G 通信工程设计与概预算

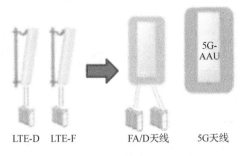

LTE-D　LTE-F　　　　FA/D天线　　5G天线

图 4-62　FA/D 天线整合天馈

（5）现网每个小区减少 1 根抱杆用于安装 5G 天线

通过上述方案整改后，可空余出多根抱杆，但 5G-AAU 只需 1 根抱杆，基于市场竞争策略，中国移动不会腾出空余抱杆留给其他运营商，因此实际工程中只腾出 1 根抱杆来安装 5G 天线，如图 4-63 所示。方案修改如下：

① 每个小区原有 4 幅天线，即 GNF900、GNF1800、LTE-F、LTE-D 均采用独立天线时，将 LTE-F、LTE-D 进行合路，空余抱杆安装 5G-AAU 天线。

② 每个小区原有 3 幅天线，即 GNF900 独立天线、GNF1800 独立天线、FA/D 合路天线，将 GNF900 天线和 GNF1800 天线整合成"4+4"天线，空余抱杆安装 5G-AAU 天线。

③ 每个小区原有 2 幅天线，即"4+4"天线和 FA/D 天线，将上述 4 频 8 模整合成"4488"天线，空余抱杆安装 5G-AAU 天线。

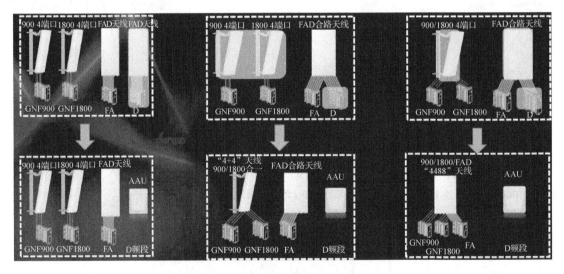

图 4-63　减少 1 根抱杆新增 5G 天线

4. 共享基站天线改造方案

若三家运营商共享同一站址，且均有最复杂天馈系统，如此多系统多天线如何共存天面，天馈如何改造呢？

（1）优先采用独立天线，运营商的天线之间不交叉

三家运营商均可采用独立多频段天线将现网多幅天线整合成 1 幅天线，如上述中国移动采用"4488"天线、"2288"天线、"2222"天线、"2+2"天线等。中国联通和中国

146

电信可使用京信"4+4"天线。这样将三家运营商每个小区 12 幅天线整合成 3 幅天线，如图 4-64 所示。

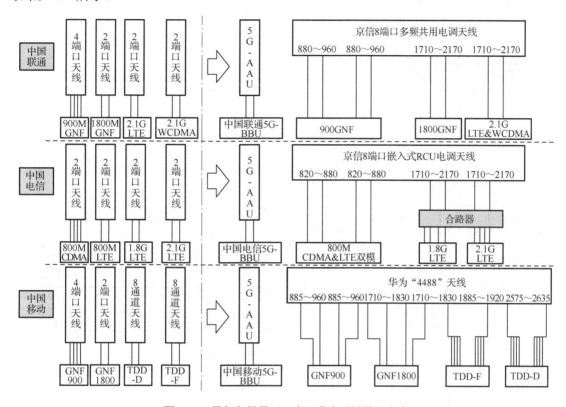

图 4-64　最复杂场景下三家运营商天馈整治方案

（2）天馈紧张情况下，运营商共享交叉使用天线

上述天馈整治方案，每个小区共有 6 幅天线，每站有 18 幅天线，对于普通站址来说天面亦难以承受。中国电信和中国联通均采用了 3.5GHz 5G 组网，频谱相邻，而现有滤波器和 PA 均支持 200MHz 的带宽，即一套无线设备就能同时发射中国电信、中国联通两家的 5G 无线信号，因此两家运营商可共用一套 AAU 天线。

三家运营商现网使用频段集中在 800MHz、1800MHz、2100MHz（中国移动另有 2600MHz），这给天线合路带来了便利。通过宽频合路器将同一频段不同运营商的馈线合路后接入天线，这样可大大节省天线数量。华为"2222"多频段天线共 8 个端口，涵盖了三家运营商现网所有的频段，因此可采用合路器将相应的系统接入，这样现网 12 幅天线将整合成 1 幅，大大减少了杆体数量，如图 4-65 所示。

上述方案同时合路过多系统，将带来较大的频间干扰和合路损耗，网络质量相应下降。通过多系统整合，每个小区缩减至只有 3 幅天线，通过天线间交叉错位安装，只需 3 根抱杆就可在 3 个小区安装 9 幅天线，对于天面空间狭小或物业原因不能安装过多杆体的场景尤其适用，同时也适用于地面美化灯杆站点，分成三层安装即可。

若上述合路系统过多，可采用如图 4-66 所示方案，采用 2 幅天线合路三家运营商的多个系统，有利于减少合路损耗，提高网络质量。

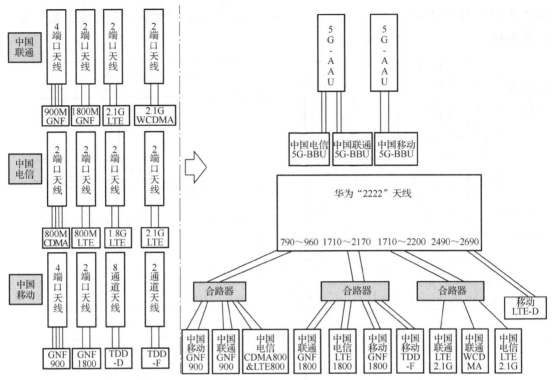

图 4-65　三家运营商共用多频段天线方案 1

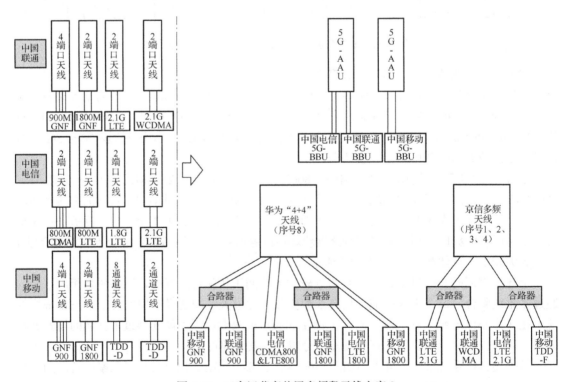

图 4-66　三家运营商共用多频段天线方案 2

因此，在最复杂场景下，三家运营商的系统天线整合方案如何选取需依据现场情况来定，首选各自独立不交叉天线，其次选用两幅多频段天线（方案 2）减少合路，在天馈最不理想的情况下，才将所有天线整合成一幅天线（方案 1）。

5G 工程建设将对现网天馈开展一次全系统全频段的整治，不仅可以减少天面抱杆数量，而且有利于梳理繁杂的天馈系统，美化天面环境，排查安全风险，降低设备功耗，减少租金成本等。各种多频段天线也在不断更新以更好地支持多系统多频段，干净整洁美观的天馈系统将是 5G 工程建设的重要目标之一。

5. 天馈改造场景分类

如图 4-67 所示为复杂天馈的不同改造场景及解决方案汇总，实际工程依据勘察结果快速制定天馈改造方案。

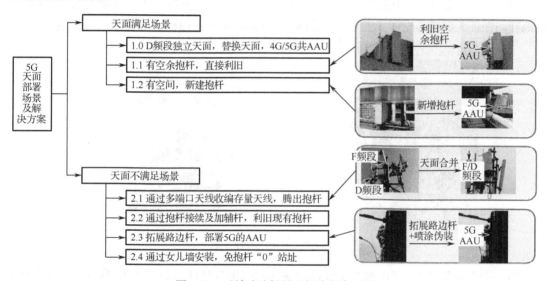

图 4-67　天馈改造场景及解决方案汇总

（1）天面场景 1.0：D 频段独立天面，用 4G/5G 的 AAU 替换 D 频段天线，不新增天面，如图 4-68 所示。

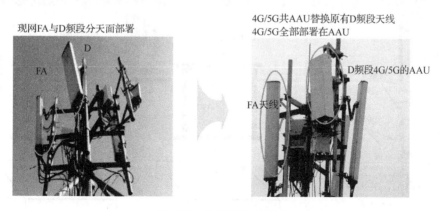

图 4-68　D 频段独立天面

（2）天面场景 1.1、1.2：有空间可新增抱杆，则新建抱杆；若有空闲抱杆，可直接利旧现有抱杆，如图 4-69 所示。

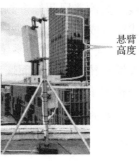

图 4-69　天面有空闲抱杆或有空间新增抱杆

（3）天面场景 2.1：通过多端口天线收编存量天线，腾出抱杆。通过存量天线合开腾出一根抱杆，保证天面整体空间无变化，如图 4-70 所示，未新增抱杆，节省了天面租金。

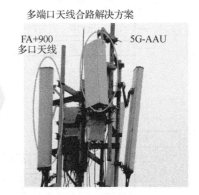

图 4-70　多天线融合方案

（4）天面场景 2.2：通过抱杆接续及加辅杆利旧现有抱杆，如图 4-71 所示。新增斜撑竖向不抱杆夹角不应超过 50°，斜撑水平投影夹角应为 60°～120°，亦可将抱杆上的 RRU 腾挪出 AAU 的安装空间，如图 4-72 所示。

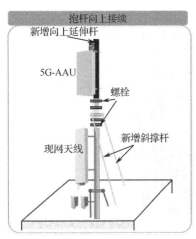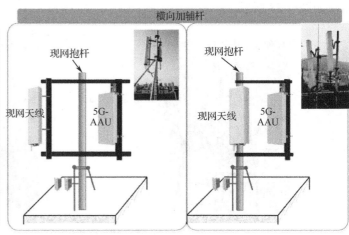

图 4-71　抱杆接续及加辅杆利旧现有抱杆

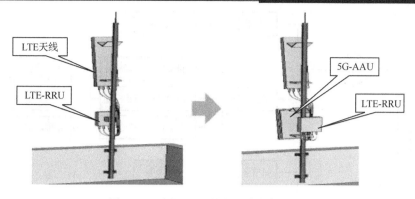

图 4-72　腾挪 RRU 的空间来安装 AAU

（5）天面场景 2.3：拓展路边杆，部署 5G-AAU，如图 4-73 所示。

路边杆尺寸多样化，大杆子无标准安装件

通过大抱杆安装件实现400mm以内抱杆适配安装

√5G基站市政杆安装场景
√安装免辅杆设计
√喉箍快锁技术便于安装

图 4-73　灯杆站部署

（6）天面场景 2.4：通过女儿墙安装，免抱杆"0"站址，如图 4-74 所示。

居民"排斥"，天线站址获取困难，挂杆工程安装与维护有困难

▪楼顶落地抱杆安装不易被业主接受
▪美化罩安装烦琐，有源天线存在散热问题

▪外墙施工、维护人员风险高，登高车成本高

女儿墙安装解决方案

√贴墙体安装，提高隐蔽性
√工程施工和维护操作全在墙内，提高操作安全性

图 4-74　女儿墙安装 AAU

6. 天馈改造思路

天馈改造一般委托铁塔部门进行，其改造思路如图 4-75 所示，原则是尽量快速完成改造，减少改动工作量，尽量不影响现网系统。

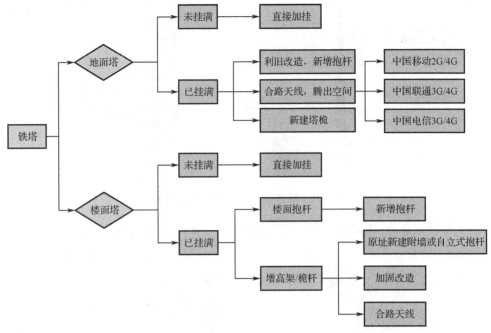

图 4-75　天馈改造思路

为避免或减少信号干扰，天线间必须设置保护带，如图 4-76 所示。在一般情况下，5G 与其他系统间需要 30dB 隔离度，水平或垂直间隔 0.2～0.5m 即可；5G 与 CDMA 等互调环境，异系统需 46dB 隔离度，水平间距约为 1m，垂直间距约为 0.4m；在同频情况下，如 LTE-D 频段和 2.6GHz NR 需 70MHz 保护带，水平或垂直间隔 1～3m。

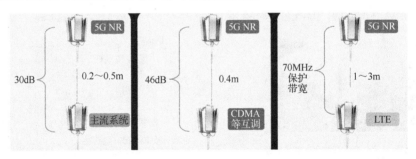

图 4-76　不同系统间天线保护间隔

4.4　5G 室分改造方案

根据覆盖技术特点、设备类型、设备形态、场景应用等的不同，室内覆盖方案典型分类如图 4-77 所示。

实际应用时，应根据各种覆盖方案、场景特点，结合建设难度、技术适用性、建设成本、产品成熟度等，选取合适的覆盖方案。

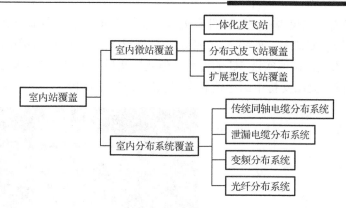

图 4-77　室内覆盖方案典型分类

　　室分系统实际建设过程中需考虑建设改造难度、建设成本、维护便利性等综合因素，灵活选取合适场景开展建设。如表 4-14 所示，5G 室外覆盖室内方式的性能较差，DAS 系统支持容量有限，且建设改造难度大，成本较高；分布式皮飞站支持较大容量，改造难度相对低，但成本高。实际工程中依据不同场景，尽量利用原有 LTE 系统的资源和构架制定不同的室分方案，提供高带宽、高速率、高质量的通信服务。

表 4-14　室分系统建设方式比较

建 设 方 式	类　型	容量特性	建设改造难度	建设成本	监控/故障定位难度
室外覆盖室内	宏站	差，3.5GHz 信号穿透能力差导致速率低	高，室外宏站选点难	高	可以实现监控及定位
	小基站、光纤分布系统		中	中	可以实现监控及定位
室内蜂窝系统	分布式皮飞站	好，支持 4×4MIMO	中，需替换或增加 pRRU 和 RHUB，更换为 CAT6A 网络或带电光缆	高	可以实现监控及定位
室内分布覆盖系统	DAS	中，最大支持 2×2MIMO	高，需替换分布系统器件及天线	较高	无法监控，故障定位难度大
漏缆系统	信源+漏缆	一般	中，需增加 RRU 和漏缆，替换无源器件	中	无法监控，故障定位难度大

　　5G 室分系统主要采用传统同轴电缆分布系统（传统 DAS 无源室分系统）和分布式皮飞有源室分系统，下面重点介绍这两种系统。

4.4.1　传统 DAS 无源室分系统

　　传统 DAS 无源室分系统，采用功分器和耦合器等无源器件来达到天线口的功率平衡，线缆采用 1/2"馈线和 7/8"馈线，线路损耗大。DAS 系统目前支持 2T2R，每个点需要 2 幅天线来支持双流，若要支持 5G 系统要求的 4T4R，每个点就需 4 幅天线，现实中无法实现部署。另现网功分器、耦合器、天线等并不支持 3.5GHz 或 2.6GHz（部分新器件支持 2.6GHz），若仍采用 DAS 系统来建设 5G 室分系统，则所有的功分器、耦合器、天线、合路器、BBU、RRU 都需更换，实际工程中实现困难，工程量大，物业协调困难且成本极高。综上，传统 DAS 无源室分系统将无法用于改造或新建 5G 室分系统。

但基于成本考虑，如果现有无源器件和天线均支持 2.6GHz，为快速实现 5G 室分系统，仍可采用 DAS 系统快速馈入，如图 4-78 所示。只需新增 5G-BBU，仍利旧原有分布系统的馈线、无源器件、天线，快速实现 5G 的覆盖，但此方案最高实现 2×2MIMO，且只适用于中国移动 2.6GHz 频段，无法支持中国电信和中国联通 3.5GHz 频段。

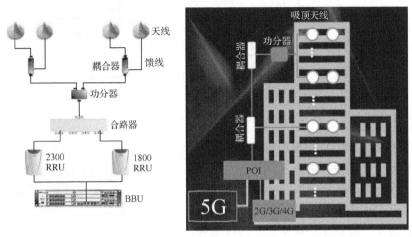

图 4-78　传统 DAS 系统及 5G 快速馈入方案

4.4.2　分布式皮飞有源室分系统

　　5G NR 建设方式以分布式皮飞站为主，采用 4×4MIMO。如图 4-79 所示为 5G 分布式皮飞有源室分系统模拟图，系统摒弃了传统的功分器、耦合器等无源器件，布局简单。同时用光纤代替了馈线，不仅消灭了线路损耗，而且光纤更易部署，造价更低。由于线路损耗不存在，天线口发出的功率几乎相同，线路上就不再需要功分器、耦合器、合路器等无源器件，设计人员不再需要反复计算和调整链路损耗了，不仅节省了投资，同样简化了网络结构，设计也更为简单了。

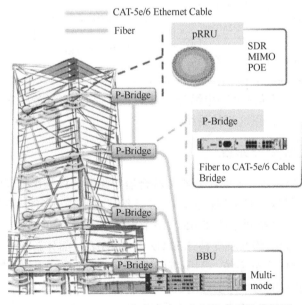

图 4-79　5G 分布式皮飞有源室分系统模拟图

5G 分布式皮飞站系统图如图 4-80 所示，其中 P-Bridge 为统一的 POE 供电单元，最多为 8 幅天线提供 POE 电源，天线通过 CAT6A 网线接至 P-Bridge。P-Bridge 可依据实际施工条件灵活布放，天线亦可称为 pRRU，封闭场所布放间隔可采用 20m 间距（LTE 为 9m），空旷场所布放间隔可采用 28m 间距（LTE 为 15m），标准规范可覆盖 500mm^2，单点覆盖面积和布放间隔远大于 DAS 系统的天线。上下行边缘速率可达 5M/75Mbps。

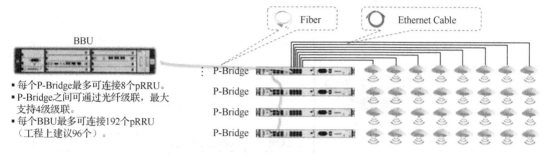

图 4-80　5G 分布式皮飞站系统图

　　每个 P-Bridge 最多可连接 8 个 pRRU，每个 BBU 可连接 24 个 P-Bridge，但工程实际最多连接 12 个 P-Bridge，即每个 BBU 工程最多可连接 96 个 pRRU。

　　LTE 后期室分工程同样采用了分布式有源皮飞站，因此布局 5G 时可充分利用原有 TDD 室分系统资源和网络架构建设 5G 室分系统，在原有 TDD 分布式皮飞站基础上充分利用原有 4G 天线的点位，同时更换支持 4G/5G 的 pRRU，将 FDD 系统馈入，增加部分硬件即可实现平滑进至 5G 系统。如图 4-81 所示，5G 室分系统建设可采用三种模式，即采用 4G+5G 的 pRRU 来代替原来 4G 的 QCELL；将原有 4G pRRU 级联到 5G pRRU，实现 4G/5G 室分系统；由于 POE 供电距离限于 100m 内，当 pRRU 与 P-Bridge 距离超过 100m 时，可采用光电复合缆扩展到 300m。

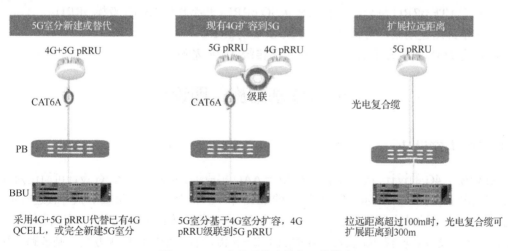

图 4-81　5G 室分系统建设的三种模式

　　华为产品 pRRU5930 支持 1.8/2.6GHz 频段，其本身就内置天线，另可外挂 4 个双极化天线，将覆盖范围进一步扩大，组网更加灵活，如图 4-82 所示。

图 4-82 华为 pRRU5930 方案

4.4.3 室分改造原则

5G NR 室内覆盖主要部署在高价值、高流量场景，满足竞争、业务演示及高速业务的需求，以分布式皮飞站为主。基于保护投资的角度，应尽最大可能继续利用现网大量的 DAS 室分系统，对于大部分普通流量场景可考虑以演进空口方式承载，优先通过增加载波、扇区分裂等方式应对业务需求，随着后续流量增长需要，应适时增加 5G 3.5GHz NR 的部署。因此 5G 室分系统部署应按下列原则或顺序开展：

➢ 对于 LTE pRRU 室分，可叠加独立 5G pRRU 或者更换 4G/5G 双模 pRRU；

➢ 对于纯新建场景，可直接建设 4G/5G 双模 pRRU；

➢ 已有 DAS 系统升级支持 5G，可考虑传统 2T2R 基站。

4.5 5G 基站施工图设计

4.5.1 5G 方案设计

5G 延续了 4G 的设计，但进行了简化。由于 AAU 集成了 RRU 的功能，5G 设计可简化为 BBU 与 AAU 相连，如图 4-83 所示。但由于 5G 的 BBU 和 AAU 设备功耗、重量、尺寸较之前 4G 设备的变化较大，因此在具体设计过程中应着重考虑相关电源、安装空间、承重、迎风面等需求。

由于 5G 设备功耗较 4G 设备功耗增加了 2~3 倍，若仍采用原电源方案，则线路电压将快速下降，无法满足 AAU 的供电要求。以华为设备为例，可采用如图 4-84 所示三种方案来解决此问题。方案一，通过 EPU02D-02 将 48V 电压升为 57V（此时无须 DCDU），这样 AAU 只需单路供电；方案二，AAU 采用双路供电；方案三为交流供电场景，即通过 OPM50M 交转直设备将-220V 电源转变成-48V 电源。上述方案在后续施工图设计中会有所体现。

注：图 4-84 中 ODM03D 的作用是将双缆合并为单缆。

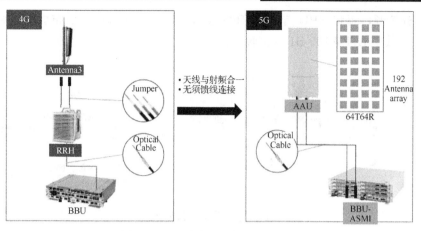

图 4-83　4G 演变成 5G 的结构变化

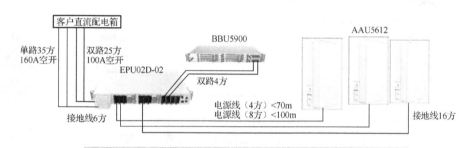

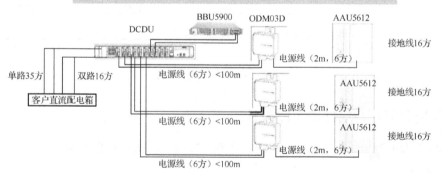

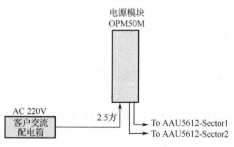

图 4-84　室外站三种电源方案

5G 通信工程设计与概预算

对于室分信源，可将 BBU 置于 IMB05 挂墙机框中，此机框内部布放方式有 4 种，如图 4-85 所示，其中 ETP48100-B1 为交转直设备，EPU02D-02 为升压设备。

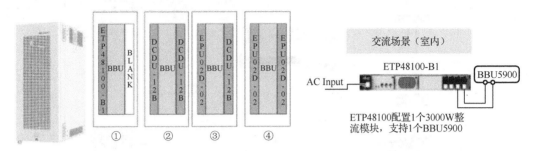

图 4-85　室分信源方案

在 5G 部署初期，中国联通采用了 NSA 基站连接，其原理图如图 4-86 所示。

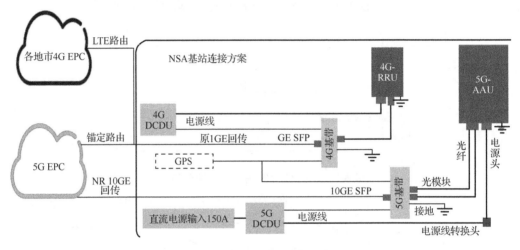

图 4-86　NSA 基站连接方案

4.5.2　5G 地面美化通信杆施工图设计

如图 4-87 所示为中兴 5G 地面美化通信杆施工图设计示例，仅供参考学习。

（1）机房部分

主设备：新增一落地机柜，机柜内新增中兴 V9200、DCDU、GPS 避雷器；机房顶新增 GPS。

软光纤：BBU-PTN 的软光纤一条（LC-LC），本站为拉远站，新增 3 条（每个小区 1 条）BBU-ODF 架的软光纤（LC-FC）。

光模块：原有 BBU-RRU 两侧的光模块需替换为 25Gbps 速率的；BBU 连至 PTN 中，BBU 侧需更换 SM 类型的光模块。

电源：新增 2 个整流模块，DC 柜新增一路 100A 空开。

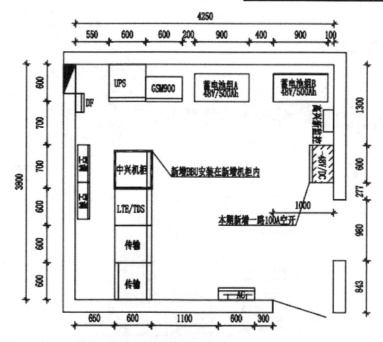

序号	设备名称	规格配置（厂家/型号/频段/配置）	尺寸（宽×深×高）	单位	本期利旧	本期新增	本期拆除	备注
1	落地机柜	大唐落地机柜		架		1		厂家提供
2	挂墙机柜	中兴室内挂墙机柜	600×400×300mm³	架		1		
3	5G主设备	中兴V9200	88.4×482.6×370mm³	架		1		
4	中兴DCDU	DCPD10	1U	台		1		
5	GPS避雷器			个		1		
6	软光纤	LC-LC两芯15米/条		条		1		BBU-PTN
7	软光纤	LC-FC两芯15米/条		条		3		拉远BBU-ODF
8	光模块	IP GE（接PTN 光模块类型为SM）		块		1		BBU-PTN（BBU侧）
9	光模块	25G（MU/BBU到RRU）		块		3		BBU-RRU（BBU侧）
10	空气开关	单相两极100A		只		1		
11	接地排	16孔		块	1			
12	开关电源	中达MCS3000D；-48V/600A/3	600×450×1600mm³	套	1			
13	整流模块	中达DPR48/50-D-DCE		台	3	2		

图 4-87　机房图及工作量表示例

（2）天馈部分

本方案将原有 D 频段天线拆除以腾出空余抱杆安装 5G 天线，原 D 频段与现网 DCS1800 采用"4488"天线整合在一起，故需拆除原有 4 通道 1800MHz 天线，如图 4-88 所示。

主设备：AAU 采用中兴 A9611，共 3 台。拆除第一平台 3 台 D 频段 RRU，重新安装于第三平台；第三平台拆除 3 幅 4 通道 1800MHz 天线，重新安装 3 幅"4488"天线；D 频段 RRU 新增 3 套集束跳线（1 根四芯，1 根五芯）

光缆和电缆：新增 AAU 光缆（从光端盒至 AAU）共 105m，新增 AAU 电缆 105m。D 频段 RRU 只需挪位，无须新增光缆和电缆。另 GPS 和 GPS 馈线列在此远端天面工作量表中，实际工作应在近端机房侧天面处。

电源：天馈机柜中新增 3 路 63A 空开；新增两组 150Ah 蓄电池；新增 3 个整流模块，AAU 接地线为 9m。

辅材：RRU 侧光模块 3 个（25Gbps），PVC 管 65m，波纹管 15m，馈线夹子若干。

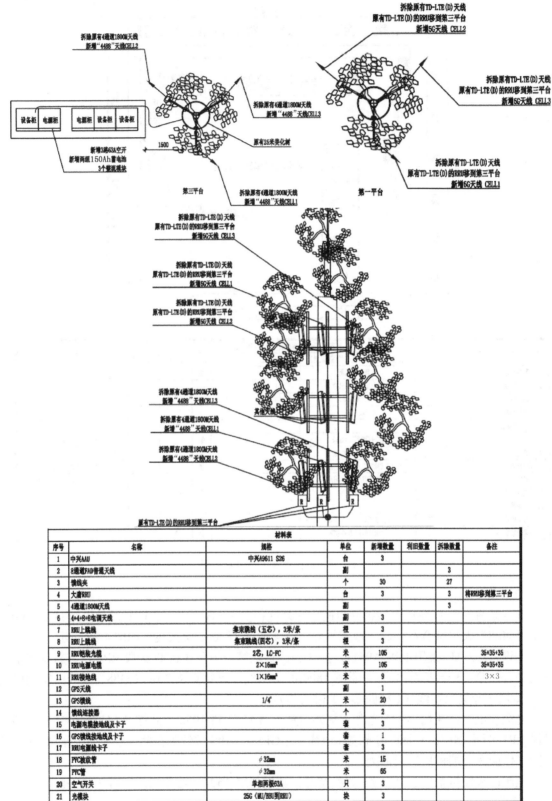

序号	名称	规格	单位	新增数量	利旧数量	拆除数量	备注
				材料表			
1	中兴AAU	中兴A9611 S26	台	3			
2	8通道FAD普通天线		副			3	
3	馈线夹		个	30		27	
4	大唐RRU		台			3	将RRU移到第三平台
5	4通道1800M天线		副			3	
6	4+4+8+8电调天线		副	3			
7	RRU上跳线	集束跳线（五芯），3米/条	根	3			
8	RRU上跳线	集束跳线（四芯），3米/条	根	3			
9	RRU拉远光缆	2芯，LC-FC	米	105			35+35+35
10	RRU电源电缆	2×16mm²	米	105			35+35+35
11	RRU接地线	1×16mm²	米	9			3×3
12	GPS天线		副	1			
13	GPS馈线	1/4'	米	20			
14	馈线连接器		个	2			
15	电源电缆接地线及卡子		套	3			
16	GPS馈线接地线及卡子		套	1			
17	RRU电源线卡子		套	3			
18	PVC波纹管	φ32mm	米	15			
19	PVC管	φ32mm	米	65			
20	空气开关	单相两极63A	只	3			
21	光模块	25G（AAU/BBU到RRU）	块	3			

图 4-88　天馈图及工作量表

4.5.3　5G 楼面美化杆体施工图设计

如图 4-89 所示是华为 5G 楼面美化杆体施工图设计示例。

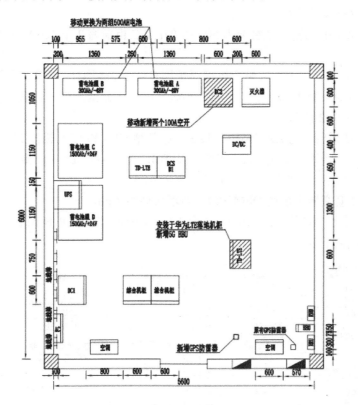

安装/拆除工作量表

序号	名称	单位	安装数量	拆除数量	备注
1	华为LTE落地机柜	架			
2	整流模块 50A	个			
3	蓄电池组 500Ah/48V	组			
4	NR BBU (BBU5900)	个	1		安装于新增落地机柜 S1/1/1
5	UBBPfw1基带板	块	1		安装于0、1槽位
6	UMPTe3主控板	块	1		安装于7槽位
7	GPS防雷器	个	1		
8	EPU02S 升压配电盒	个	1		安装于新增落地机柜内
9	PTN尾纤(2芯)	条	1		20米/条, LC-LC
10	光模块25G	块	6		25G; 其中4个拉远模块
11	10GE光模块	块	1		华为提供
12	100A空开	个	2		主设备单位施工
13	尾纤(2芯) LC-FC	条	2		

图 4-89　机房图及工作量表示例

（1）机房部分

主设备：落地机柜内新增华为 BBU5900（配 1 块 UBBPfw1 基带板、1 块 UMPTe3 主控板）、EPU02S 升压配电盒；新增 GPS 防雷器，安装于馈窗 1m 处。

软光纤：PTN 尾纤 1 条。

光模块：新增 6 块 25Gbps 速率的光模板（BBU 和 RRU 各 3 块）；BBU 连至 PTN 中，BBU 侧需新增 10Gbps 光模块。

电源：两组 300Ah 的蓄电池替换为 500Ah 的；DC 柜新增 2 个 100A 空开。

（2）天馈部分

本方案第二小区 AAU 天线安装于机房天馈原有空余 6m 抱杆上，第一和第三小区拉远至远端另一天面（新增 2 套 1.5m 抱杆）。第二小区采用直流方案，第一和第三小区采用交流方案，如图 4-90～图 4-92 所示。

主设备：AAU 采用华为 AAU5619，共 3 台；新增 GPS 和 GPS 馈线 20m。

光缆和电缆：新增第二小区 AAU 光缆（从 BBU 至 AAU，LC-LC 接口）共 28m，新增第一小区和第三小区 AAU 光缆 20m（从光接盒至 AAU）。

电源：新增 2 套交转直模块 OPM30M；新增接地线 16m。

配套辅材：2 套小 AC 箱、2 个地排、2 套 1.5m 小抱杆、2 套 ODB 光端盒、PVC 管 40m、波纹管 20m、馈线夹子若干。

安装/拆除工作量表

序号	名称	安装规格型号	单位	安装数量	拆除数量	备注
1	AAU5619		副	3		
2	AAU光纤	2芯 LC-FC	米	20		CELL1:10米;CELL3:10米
3	AAU光纤	2芯 LC-LC	米	28		CELL2:28米
4		2×6mm² (0～70)	米	28		CELL2:28米
5	AAU电源电缆	2×10mm² (70～100)	米			
6		3×2.5mm²	米	20		CELL1:10米;CELL3:10米
7	AAU接地线	1×16mm²	米	16		6米/2条；4米/1条
8	AAU电缆接地卡		套	3		
9	GPS馈线接地卡		套	1		
10	GPS馈线	RG-8U	米	20		
11	GPS天线		副	1		
12	PVC管	φ32mm²	米	40		分别套装光缆(GPS馈线)和电源线
13	波纹管	φ32mm²	米	20		分别套装光缆(GPS馈线)和电源线
14	ODM03D		个			
15	DDM03D电源线	1×6mm²	条			
16	交转直模块 OPM30M		个	2		交流供电的AAU使用；含防雷模块

图 4-90　天馈工作量表

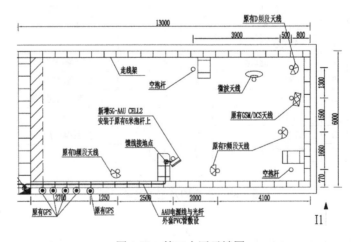

图 4-91　第二小区天馈图

图 4-92　第一、第三小区天馈图

4.5.4　5G 室内分布系统施工图设计

（1）信源部分

如图 4-93 所示，新增 BBU5900，新增 1 套 DCDU、1 条尾纤、PVC 管若干、电源线若干，楼顶新增 1 幅 GPS 天线。

BBU

安装于全球通基站22F机房，综合架内安装

DCU

安装于全球通大楼3F控电室

安装工作量表

序号	名　　　称	型　　　号	单位	数量	备　　　注
1	LTE BBU	华为5900	个	1	综合架内安装
2	DCDU	48100模块	台	1	综合架内安装
3	LTE配线架（DF）		个		
4	电表箱		个		
5	空开盒		个		室分单位提供
6	室内地线排		个		室分单位提供
7	9孔穿墙板		个		
8	光缆	10米级联光纤	条		
		10米直连光纤	条		LC-LC
9	尾纤		条	1	5米/条
10	PVC管	$\phi25$	米	20	套尾纤和电源线、直连光纤
11	波纹管	$\phi25$	米	20	套尾纤和电源线、直连光纤

导线计划表

序号	起	止	导线型号	数量	备　　　注
1	空开	LTE-BBU	RWZ-3×2.5mm²	15米	TD-LTE设备电源线
2	空开	LTE-RRU	RWZ-3×1mm²		TD-LTE设备电源线（5米/条，条）
3	空内地排	LTE-BBU	RWZ-1×25mm²	10米	TD-LTE设备接地线
4	空内地排	LTE-RRU	RWZ-1×25mm²		TD-LTE设备接地线（5米/条，条）
5	空内地排	地网	RWZ-1×25mm²		5米/条，条

图 4-93　信源安装位置及工作量示例

（2）分布系统

系统组网图和安装示意图如图 4-94 所示，其中电桥 RHUB 安装于电控室，pRRU 天线布置在走道中。

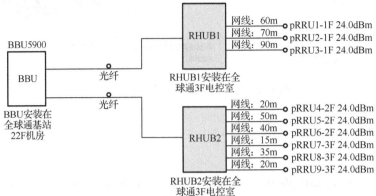

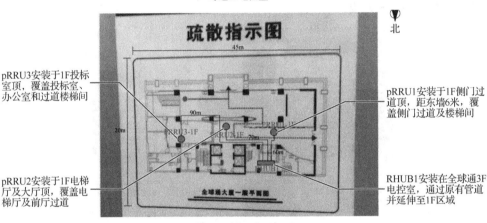

图 4-94　系统组网图和安装示意图

实践窗口

（1）下载"GPS 工具箱"和"奥维互动地图"APP，熟练掌握其基本操作。

（2）前往宏基站现场勘察，记录勘察信息并输出勘察报告。

（3）进行宏基站勘察后，如果要新增一套 5G 系统，请输出 CAD 设计图纸（运营商自选）。

（4）设计宏基站输出详细方案，包括机房改造方案、天馈改造方案。

（5）前往室分现场勘察，记录勘察信息并输出勘察报告。

（6）进行室分站点勘察后，如果要新增一套 5G 室分系统，请输出 CAD 设计图纸和详细设计方案。

第 5 章　5G 通信工程概预算

通信建设工程概算、预算应包括从筹建到竣工验收所需的全部费用，其具体内容、计算方法、计算规则应依据工业和信息化部发布的现行信息通信建设工程定额及其他有关计价依据进行编制。

定额发展历程经历过几个时期，如 1990 年的"433 定额"、1995 年的"626 定额"、2008 年的"75 定额"，最新版的是 2016 年的"451 定额"。

2016 年，工信部通信〔2016〕451 号文颁布《信息通信建设工程概预算编制规程》《信息通信建设工程费用定额》《信息通信建设工程预算定额》。按专业分为《通信电源设备安装工程》《有线通信设备安装工程》《无线通信设备安装工程》《通信线路工程》《通信管道工程》共五册。各册定额库可自行下载或购买，对应工日可进行直接搜索。本章重点介绍无线设备工程和通信电源设备工程概预算。

无线设计可分为初步设计、施工图设计（一阶段），其相对应概预算分别为工程概算、工程预算。

工程概算：主要用于确定项目投资额度、编制规定资产投资计划、安排建设年度计划、签订建设工程的总承包合同、组织主设备订货、签订贷款合同、控制工程拨款、实现投资包干、进行施工准备，以及编制施工图文件。

工程预算：是编制通信建设投资估算、概算、预算和工程量清单的基础，也可作为通信建设项目招标、投标报价的基础，是确定建筑安装工程造价的文件之一，是签订合同、拨付工程价款、办理工程结算、实现工程项目包干的依据，也是施工单位编制施工预算、实行经济核算、考核工程的依据。

5.1　概预算基础

5.1.1　概预算组成

信息通信建设工程项目总费用由各单项工程总费用构成，如图 5-1 所示。单项工程预算总费用由工程费、工程建设其他费、预备费、建设期利息四部分构成。

概预算表格统一使用五种表格，共 8 张，如表 5-1 所示。

具体到通信工程概预算，完整的概预算表格为表一~表五，其中表一为各项目金额汇总表；表二为建筑安装施工费汇总及分项；表三为具体每项施工的施工工日；表三（仪器）为施工过程中所使用到的仪器仪表费用；表三（机械）为施工过程中用到的机械设备费用；表四为设备费；表四（材料）为施工过程中所用到的甲方购买的材料费用；表四（零小）包括施工单位自行采购的材料和辅材、表三中无法计量工日的工作、保留在工程上的设备或材料，如天面抱杆、防水箱、小 AC 箱等的费用；表五为其他费。

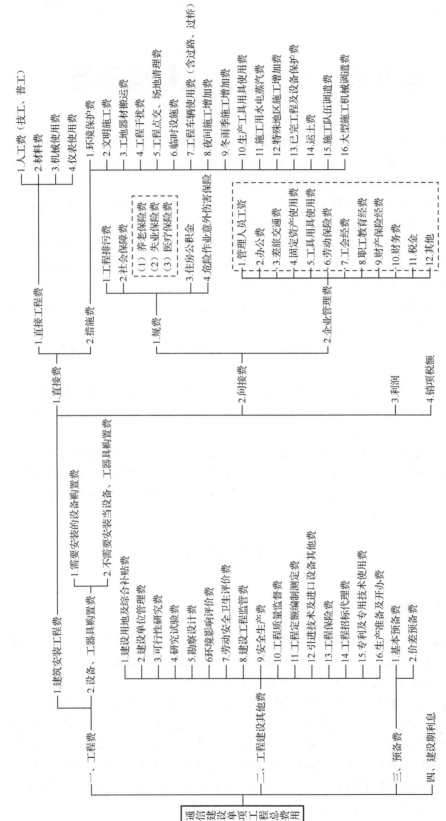

图5-1 通信建设单项工程总费用

表 5-1 通信工程概预算表组成

表 号	表 名	内 容
汇总表	《建设项目总预算表》	供编制建设项目总概算（预算）使用，建设项目的全部费用在本表中汇总
表一	《工程预算总表》	供编制单项（单位）工程概算（预算）使用
表二	《建设安装工程费用预算表》	供编制建筑安装工程费使用
表三甲	《建筑安装工程量预算表》	供编制工程量，并计算技工和普工总工日数量使用
表三乙	《建筑安装工程机械使用费预算表》	供编制本工程所列的机械费用汇总使用
表三丙	《建筑安装工程仪器仪表使用费预算表》	供编制本工程所列的仪表费用汇总使用
表四甲	《国内器材预算表》	供编制本工程的主要材料、设备和工器具的数量和费用使用
表五	《工程建设其他费预算表》	供编制国内工程计列的工程建设其他费使用

5.1.2 三费介绍

（1）施工费

施工费分降点部分施工费和不降点部分施工费。其中不降点部分施工费包括：材料费、规费、税金、安全生产费、二次搬运费、制作粘贴资产条码费、无线网资源录入费等。剩余部分为可降点施工费，主要为建筑安装工程费（不含材料费和规费）。表三~表五只要填写正确的单价或工日即可，其他数据采用公式链接的方式完成。

（2）勘察设计费

勘察设计费根据《工程勘察设计收费标准》（计价格[2002]10 号文件）计取，勘察费中，宏基站勘察费：4250 元/站，室内覆盖基站信源和室外微小站勘察费：3400 元/站。设计费=工程费×3%×难度系数×附加调整系数。各专业设计费系数取值如表 5-2 所示。如 LTE 共址新建站室站，勘察设计费=4250+工程费×3%×1.15×1.1。工程费=建安费+设备费。因此设计费往往跟设备费息息相关，随着集采设备价格的逐年降低，设计费亦逐年降低。

表 5-2 各专业设计费系数

专 业	设计费率	专业调整系数	工程复杂系数（难度系数）	附加调整系数	
				新 建 项 目	改扩建和技术改造项目
2G/3G 无线网		1	1	1	1.1
4G 无线网		1	1.15	1	1.1
核心网		1	1.15	1	1.2
承载网	3%	1	1.15	1	1.2
支撑网		1	1.15	1	1.2
业务网		1	1.15	1	1.2
传送网		1	设备取定为 1，线路取定为 1.15	1	1.1

室内覆盖系统及直放站勘察费包括信源和分布系统两部分，其等于信源勘察设计费+分布系统勘察费，其中信源勘察设计费为 3400 元/站，分布系统勘察费按照不同覆盖面积分梯次计取，如表 5-3 所示。

表 5-3　分布系统勘察费

覆盖面积/m²	≤1 万	>1 万
勘察费/元	3400	4250

（3）监理费

监理费依据国家发改委、建设部《关于建设工程监理与相关服务收费管理规定》计价格[2007]670 号文件计取。监理费=（设备费+建安费）×1.6%。

5.1.3　建安费介绍

建筑安装工程费（简称建安费）是整个通信概预算的主要内容，这里进行详细介绍。

1. 直接费

（1）人工费。

人工费指直接从事建筑安装工程施工的生产人员开支的各项费用，包含了基本工资、工资性补贴、辅助工资、职工福利费、劳动保护费等。

通信建设工程不分专业和地区工资类别，综合取定每工日人工费单价为：技工为 114 元/工日；普工为 61 元/工日。

$$概（预）算人工费=技工费+普工费$$
$$概（预）算技工费=技工单价×概（预）算技工总工日$$
$$概（预）算普工费=普工单价×概（预）算普工总工日$$

（2）材料费。

材料费指施工过程中实体消耗的原材料、辅助材料、构配件、零件、半成品的费用和周转使用材料的摊销，以及采购材料所发生的费用总和。

$$材料费=主要材料费+辅助材料费$$
$$主要材料费=材料原价+运杂费+运输保险费+采购及保管费+采购代理服务费$$

辅助材料费=主要材料费×辅助材料费费率（无线工程为 3%，电源设备工程为 5%，因此实际通信工程预算表分成两册，即无线册和电源册）

（3）机械使用费：指使用施工机械作业所发生的机械使用费以及机械安、拆和进出场费用。

（4）仪表使用费：指施工作业所发生的属于固定资产的仪表使用费。

（5）措施费。

① 文明施工费：指施工现场为达到环保要求及文明施工所需要的各项费用（含环境保护费）。

$$文明施工费=人工费×文明施工费费率（1.1\%）$$

② 工地器材搬运费：指由工地仓库至施工现场转运器材发生的费用。

$$工地器材搬运费=人工费×工地器材搬运费费率（1.1\%）$$

③ 工程干扰费：指通信线路工程、通信管道工程由于受市政管理、交通管制、人流密集、输配电设施等影响工效的补偿费用。

$$工程干扰费=人工费×工程干扰费费率（4\%）$$

④ 工程点交、场地清理费：指按规定编制竣工图及资料、工程点交、施工场地清理等发

生的费用。

工程点交、场地清理费=人工费×工程点交、场地清理费费率（2.5%）

⑤ 临时设施费：指施工企业为进行工程施工所必须设置的生活和生产用的临时建筑物、构筑物和其他临时设施费用等。

临时设施费=人工费×临时设施费费率（距离≤35km 为 3.8%、距离>35km 为 7.6%）

⑥ 工程车辆使用费：指工程施工中接送施工人员、生活用车等（含过路、过桥）费用。

工程车辆使用费=人工费×工程车辆使用费费率（5%）

⑦ 夜间施工增加费：指因夜间施工所发生的夜间补助费、夜间施工降效、夜间施工照明设备摊销及照明用电等费用。

夜间施工增加费=人工费×夜间施工增加费费率（2.1%）

⑧ 冬雨季施工增加费：指在冬雨季施工时所采取的防冻、保温、防雨、防滑等安全措施及工效降低所增加的费用。

冬雨季施工增加费=人工费（室外部分）×冬雨季施工增加费费率（2.5%）（注：必须是室外工日，而非全部工日，因此必须列出室外工日之和）

⑨ 生产工具用具使用费：指施工所需的不属于固定资产的工具用具等的购置、摊销、维修费。

生产工具用具使用费=人工费×生产工具用具使用费费率（0.8%）

⑩ 施工用水电蒸汽费：指施工生产过程中使用水、电、蒸汽所发生的费用。施工用水电蒸汽费通信工程不计取。

⑪ 特殊地区施工增加费：指在原始森林地区、海拔 2000 米以上高原地区、化工区、核污染区、沙漠地区、山区无人值守站等特殊地区施工所需增加的费用。

⑫ 已完工程及设备保护费：指竣工验收前，对已完工程及设备进行保护所需的费用。

已完工程及设备保护费=人工费×已完工程及设备保护费费率（1.5%）

⑬ 运土费：指直埋光（电）缆、管道工程施工，需从远离施工地点取土及必须向外倒运出土方所发生的费用。按实际计取。

⑭ 施工队伍调遣费：指因建设工程的需要，应支付施工队伍的调遣费用。内容包括：调遣人员的差旅费、调遣期间的工资、施工工具与用具等的运费。

施工队伍调遣费=2×（单程调遣费定额×调遣人数）（单程调遣费定额最新为 141，调遣人数由总工日决定，不同总工日区间调遣人数不同）

⑮ 大型施工机械调遣费：指大型施工机械调遣所发生的运输费用。

大型施工机械调遣费=2×（单程运价×调遣运距×总吨位）

2. 间接费

间接费由规费、企业管理费构成，各项费用均不包含增值税可抵扣进项税额的税前造价。

（1）规费

指政府和有关部门规定必须缴纳的费用（简称规费）。内容包括工程排污费、社会保障费、住房公积金、危险作业意外伤害保险费（规费是不允许降点打折的项目，运营商必须全额给足）。

① 工程排污费：根据施工所在地政府部门相关规定计列。

② 社会保障费包括：

● 养老保险费：指企业按规定标准为职工缴纳的基本养老保险费。

● 失业保险费：指企业按照国家规定标准为职工缴纳的失业保险费。

● 医疗保险费：指企业按照规定标准为职工缴纳的基本医疗保险费。

● 生育保险费：指企业按照规定标准为职工缴纳的生育保险费。

● 工伤保险费：指企业按照规定标准为职工缴纳的工伤保险费。

③ 住房公积金：指企业按照规定标准为职工缴纳的住房公积金。

$$住房公积金=人工费×住房公积金费率$$

④ 危险作业意外伤害保险：指企业为从事危险作业的建筑安装施工人员支付的意外伤害保险费。

$$危险作业意外伤害保险费=人工费×危险作业意外伤害保险费率$$

（2）企业管理费

指施工企业组织施工生产和经营管理所需费用。包括管理人员工资、办公费、差旅交通费、固定资产使用费、工具用具使用费、劳动保险费、工会经费、职工教育经费、财产保险费、财务费、税金、其他，共 12 项。

$$企业管理费=人工费×企业管理费费率（27.4\%）$$

3. 利润

利润指施工企业完成所承包工程获得的盈利。

$$利润=人工费×利润率费率（20\%）$$

4. 销项税额

销项税额=（人工费+乙供主材费+辅材费+机械使用费+仪器仪表使用费+措施费+规费+企业管理费+利润）×9%+甲供主材费×适用税率

以上费率均采用通信设备安装工程的费率。

5.2 "451 定额"与"75 定额"新旧定额对比

"75 定额"：2008 年，工信部规〔2008〕75 号文颁布《通信建设工程概算、预算编制办法》《通信建设工程费用定额》《通信建设工程施工机械、仪表台班费用定额》《通信建设工程预算定额》（共五册），简称"75"定额。

"451 定额"：2016 年，工信部通信〔2016〕451 号文颁布《信息通信建设工程概预算编制规程》《信息通信建设工程费用定额》《信息通信建设工程预算定额》（共五册），简称"451"定额。

"451 定额"已于 2017 年 5 月正式实施，各项费率都发生了较大变化，尤其人工费涨幅较明显。

5.2.1 建安费新旧费率对比

建安费新旧费率对比如表 5-4 所示。

表 5-4　建安费新旧费率对比

费用名称	"75 定额"费率	"451 定额"费率	备注
1 直接费——人工费			
技工单价/元	48	114	
普工单价/元	19	61	
2 直接费——措施费			
环境保护费	1.20%	0	"451 定额"取消
文明施工费	1.00%	1.10%	
工地器材搬运费	1.30%	1.10%	
工程干扰费	4.00%	4.00%	
工程点交、场地清理费	3.50%	2.50%	
临时设施费	5.28%	3.80%	距离>35km 为 7.6%
工程车辆使用费	5.20%	5.00%	
夜间施工增加费	2.00%	2.10%	
冬雨季施工增加费	1.90%	2.50%	广东地区
生产工具用具使用费	1.71%	0.80%	
施工用水电蒸汽费	0.00%	0.00%	依照施工工艺要求按实计列施工用水电蒸汽费
特殊地区施工增加费	0.00%	0.00%	高原海拔地区、原始森林、沙漠、化工、核工业、山区无人值守站地区
已完成工程及设备保护费	0.00%	1.50%	
运土费	0.00%	0.00%	按实计列
施工队伍调遣费	106.00	141.00	35～100km，调遣人数工日区间无变化
大型施工机械调遣费	不计列	不计列	
3 间接费——规费			
工程排污费	根据施工所在地政府部门相关规定计列	根据施工所在地政府部门相关规定计列	
社会保障费	26.81%	28.50%	
住房公积金	4.19%	4.19%	
危险作业意外伤害保险	1.00%	1.00%	
企业管理费	32.30%	27.40%	
利润	30.00%	20.00%	
销项税额	(直接费+间接费+利润)×3.41%	(直接费+间接费+利润)×9%+甲供材料×适用税率	最新的税率为 9%

5.2.2 工日、仪器仪表费新旧定额对比

根据不同站型的建设方案，"451 定额"与"75 定额"安装工日相比，宏站总工日的降幅基本为 30%～40%，室分信源站降幅在 45%左右，如表 5-5 所示。

表 5-5 工日新旧定额对比

站 点 类 型	技 工 工 日		
	"75 定额"	"451 定额"	上升比例
宏站-地面塔	125.5	79.3	-37%
宏站-楼顶塔	122.5	76.78	-37%
宏站-拉线塔	131.5	83.98	-36%
宏站-支撑杆	107.5	71.26	-34%
宏站-美化外罩	112.9	75.238	-33%
宏站-楼外墙壁	128.5	84.64	-34%
微小站	90.1	60.445	-33%
室分信源	46.5	24.99	-46%

新建室外基站仪器仪表费对比：

"75 定额"：包括 TSW2-032 基站天馈线系统调测、TSW2-048 配合基站割接、开通和 TSW2-065 多振元智能天馈线系统调测的仪器仪表费用。

"451 定额"：包括 TSW2-044 和 TSW-045 宏基站天馈线系统调测、TSW2-078 基站系统调测、TSW2-093 基站联网调测的仪器仪表费用。

"451 定额"与"75 定额"相比，仪器仪表费的降幅达 31.7%，如表 5-6 所示。

表 5-6 仪器仪表费对比

	"451 定额"/元	"75 定额"/元	下降比例
仪器仪表费	1192.15	1744.1	31.7%

5.2.3 三费新旧费率对比

不同站型的建设方案的安装工日，"451 定额"与"75 定额"相比，宏站建安费升幅基本为 35%～45%，室分信源站降幅在 25%左右。由于设备费在工程费中占比较大，设计费与监理费升幅相对较小，如表 5-7 所示。

表 5-7 三费新旧费率对比

站 点 类 型	设备费	建 安 费			勘察设计费			监 理 费		
		"75 定额"	"451 定额"	上升比例	"75 定额"	"451 定额"	上升比例	"75 定额"	"451 定额"	上升比例
宏站-地面塔	130914	14980.12	20362.3	35.93%	9283.34	9469.02	2.00%	1077.53	1163.64	7.99%
宏站-楼顶塔	130914	14646.36	19748.82	34.84%	9271.82	9447.86	1.90%	1072.19	1153.83	7.61%
宏站-拉线塔	130914	15647.63	21501.61	37.41%	9306.37	9508.33	2.17%	1088.21	1181.87	8.61%
宏站-支撑杆	130914	12977.57	18405.01	41.82%	9214.25	9401.49	2.03%	1045.49	1132.33	8.31%

续表

站点类型	设备费	建安费			勘察设计费			监理费		
		"75 定额"	"451 定额"	上升比例	"75 定额"	"451 定额"	上升比例	"75 定额"	"451 定额"	上升比例
宏站-美化外罩	123969	13578.34	19373.43	42.68%	8995.39	9195.32	2.22%	1010.66	1103.38	9.17%
宏站-楼外墙壁	130914	15313.88	21662.28	41.46%	9294.85	9513.87	2.36%	1082.87	1184.44	9.38%
微小站	69100	11041.78	15772.17	42.84%	6164.91	6328.11	2.65%	618.91	694.6	12.23%
室分信源	36693	5602.69	6955.53	24.15%	4859.22	4905.89	0.96%	324.48	346.13	6.67%

5.3 概预算编制

单站的概预算编制顺序为：表三、表四、表二、表五、表一。但如果是单项工程一批站点，采用上述方法填写工作量极大且容易出错。为确保正确率及减少预算编制工作量，通常的做法是先填写站点工作量表，表一～表五全部采用公式直接链接的方式编制。

5.3.1 工程预算总表

工程预算总表主要汇总表二～表五费用，包括建安费、需安装的设备费、无须安装的设备费（如仪器仪表、机械）、其他费、小型建筑费、预备费等，如表 5-8 所示，表中每项数据都来源于其他表的汇总，如建安费来自表二的汇总金额，设备费来自表四的汇总金额，其他费用来自表五的汇总金额，小型建筑工程费来自表四（零小）汇总金额。

表 5-8 工程预算总表

建设项目名称：中国移动××××工程×××地区无线工程											
单项工程名称：基站无线主设备及配套单项工程						建设单位名称：中国移动通信集团公司××有限公司××分公司			WX-01		第 全 页
序号	表格编号	费用名称	小型建筑工程费	需要安装的设备费	建筑安装工程费	无须安装的设备和工、器具费	其他费	预备费	总价值		
									除税价/元	增值税/元	含税价/元
1	2	3	4	5	6	7	8	9	10	11	12
1	WX-02	建筑安装工程费			310459				310459	34150	344609
2	WX-04 国内	国内安装设备费		1154340					1154340	196238	1350577
3		国内无须安装设备费							0		
4									0		
5		工程费		1154340	310459	0	0	0	1464799	230388	1695187
6									0		
7	WX-05	工程建设其他费					916919		916919	90026	1006945
8									0		
9		小计		1154340	310459	0	916919	0	2381717	320415	2702132
13	WX-04 零小	小型建筑费	14000						14000	1540	15540
14									0		
18		总计	14000	1154340	310459	0	916919	0	2395717	321955	2717672
设计负责人：××				审核：××			编制：××			编制日期：2019 年 8 月	

预备费指在初步设计及概算内难以预料的工程费用。预备费包括基本预备费和价差预备费。预备费=（工程费+工程建设其他费）×预备费费率（无线工程费率为 3%），通信工程中通常不计列。

5.3.2 建筑安装工程费

表二建筑安装工程费由四部分组成，即建安费=直接费（含直接工程费和措施费）+间接费+利润+销项税额，所有项均以人工费作为基准，而人工费=技工日×114 元/日+普工日×61 元/日，技工日和普工日来源于表三的汇总，如表 5-9 所示，表中深色背景代表最新"451 定额"较之前"75 定额"有修正的项目。

表 5-9 建安费组成

建设项目名称：中国移动 4G 网络四期工程佛山地区无线工程								
单项工程名称：基站无线主设备及配套单项工程				建设单位名称：中国移动通信集团公司广东有限公司××分公司			WX-02	第 全 页
序号	费 用 名 称	依据和计算方法	合价/元	序号	费 用 名 称	依据和计算方法		合价/元
I	II	III	IV	I	II	III		IV
	建筑安装工程费（含税）	一+二+三+四	338400.18	8	夜间施工增加费	人工费×2.1%		3095.93
	建筑安装工程费（不含税）	一+二+三	310458.88					
一	直接费		190911.93	9	冬雨季施工增加费	人工费（室外部分）×2.5%		804.67
（一）	直接工程费		147425.03	10	生产工具用具使用费	人工费×0.8%		1179.40
1.	人工费		147425.03	11	施工用水电蒸汽费			
（1）	技工费	技工日×114 元/日	147425.03	12	特殊地区施工增加费			
（2）	普工费	普工日×61 元/日		13	已完工程及设备保护费	人工费×1.5%		2211.38
2.	材料费			14	运土费			
（1）	主要材料费	国内主材+国外主材		15	施工队伍调遣费	单程调遣费定额×调遣人数×2		4794.00
（2）	辅助材料费	主材费×3%		16	大型施工机械调遣费			
3.	机械使用费	机械台班单价×机械台班量		二	间接费			90061.95
4	仪表使用费	仪表台班单价×仪表台班量		（一）	规费			49667.49
（二）	措施费		43486.90	1	工程排污费			
1.	环境保护费	取消		2	社会保障费	人工费×28.5%		42016.13
2.	文明施工费	人工费×1.1%	1621.68	3	住房公积金	人工费×4.19%		6177.11
3.	工地器材搬运费	人工费×1.1%	1621.68	4	危险作业意外伤害保险	人工费×1%		1474.25
4.	工程干扰费	人工费×4%	5897.00	（二）	企业管理费	人工费×27.4%		40394.46
5.	工程点交、场地清理费	人工费×2.5%	3685.63	三	利润	人工费×20%		29485.01
6.	临时设施费	≤35km 为 3.8%，>35km 为 7.6%	11204.30	四	销项税额	（直接费+间接费+利润）×9%+甲供材料×适用税率		27941.30
7.	工程车辆使用费	人工费×5.0%	7371.25					
设计负责人：××				审核：××		编制：××		编制日期：2019 年 8 月

5.3.3　施工工日

工日的作用是为表二计算人工费做准备，因此是建安费的基础。定额编号和项目名称都是无线工程常用的定额，最后两列注明每个项目的归属（无须打印，只辅助计算），为后期汇总投资做准备。中间工作量的填写（包括站名）均链接自工作量表，通常表三模板制作好了，就无须手动操作，可自动生成，如表 5-10 所示（部分行和列隐藏了）。

表 5-10　工作量表

定额编号	项目名称	单位	单位定额值/工日		佛山南海桂城东骏广场 GS-EFH		佛山南海桂城丽晶酒店 GS-EFH		总　计		类型	场景
					1	预算价值	2	预算价值		预算价值		
			技工	普工	数量	技工/工日	数量	技工/工日	数量	技工/工日		
TSW1-002	安装室内电缆走线架（水平）	米	0.12								主设备	室内
TSW1-003	安装室内电缆走线架（垂直）	米	0.08								主设备	室内
TSW1-053	放绑软光纤 15 米以下	米·条	0.29		6	1.74	6	1.74	160	46.40	主设备	室内
TSW2-068'	拆除设备板件	块	0.20		30	6.00	28	5.60	414	82.80	主设备	室内
TSW2-073	2G 基站系统调测（3 载频以下）	站									主设备	室内
TSW2-074	2G 基站系统调测（6 载频以下）	站									主设备	室内
TSW2-075	2G 基站系统调测（6 载频以上每增加 1 个载频）	载频									主设备	室内
TSW2-078	LTE/4G 基站系统调测（3 载·扇以下）	站			1		1		35		主设备	室内
TSW2-079	LTE/4G 基站系统调测（3 载·扇以上每增加 1 个载扇）	载·扇			0		0		45		主设备	室内
TSW2-081	配合定向基站系统调测-室外站	扇区	1.41		3	4.23	3	4.23	72	101.52	主设备	室外
TSW2-091	2G 基站联网调测定向天线站	扇区									主设备	室外
TSW2-093	LTE/4G 基站联网调测-室外站	扇区			3		3		72		主设备	室外
TSW2-094	配合联网调测	站	2.11		1	2.11	1	2.11	35	73.85	主设备	室内
TSW2-095	配合基站割接、开通	站	1.30		1	1.30	1	1.30	35	45.50	主设备	室内
	合计					52.59		49.22		1293.20		
	其中室外工日					9.25		8.65		282.34		

表三（仪器）工作量表如表 5-11 所示，若施工过程中未使用仪表测试，则无此工作量；表三（机械）工作量表为施工过程中用到的机械设备费用，如使用起重机在灯杆上安装天线、现场应急发电等。

表 5-11　表三（仪器）工作量表

定额编号	项目名称	仪表名称	单位	单价/元	佛山南海桂城东骏广场 GS-EFH		总计	
					1	预算价值	预算价值	
					数量	/元	数量	技工/工日
TSW2-038	安装调测室内放大器或中继器	微波信号发生器	个					
TSW2-038	安装调测室内放大器或中继器	射频功率计	个					
TSW2-039	安装调测室内合路器、分路器	微波信号发生器	个		1		46	
TSW2-039	安装调测室内合路器、分路器	射频功率计	个		1		46	
TSW2-044	宏基站天、馈线系统调测 1/2 英寸射频同轴电缆-GPS	天馈线测试仪	条		1		35	
TSW2-044	宏基站天、馈线系统调测 1/2 英寸射频同轴电缆-GPS	操作测试终端（电脑）	条		1		35	
TSW2-044	宏基站天、馈线系统调测 1/2 英寸射频同轴电缆-GPS	互调测试仪	条		1		35	
TSW2-091	2G 基站联网调测定向天线站	射频功率计	扇区					
TSW2-091	2G 基站联网调测定向天线站	移动路测系统	扇区					
TSW2-091	2G 基站联网调测定向天线站	操作测试终端（电脑）	扇区					
TSW2-093	LTE/4G 基站联网调测-室外站	射频功率计	扇区		3		72	
TSW2-093	LTE/4G 基站联网调测-室外站	移动路测系统	扇区		3		72	
TSW2-093	LTE/4G 基站联网调测-室外站	操作测试终端（电脑）	扇区		3		72	
	合计							

5.3.4　设备费

表四设备费为常见主设备和天线的费用，每期工程价格都不同，但集采价格每年都在降低，因此以此费用为基准的设计费逐年下降，如表 5-12 所示。表中只需修正每个主设备和天线的单价，中间数量均链接工作量表，无须手动填写。另由于营改增的实施，各项费用均需列出增值税金额，设备和材料增值税最新费率为 13%（2019 年 4 月 1 日开始实施）。

表四（主材）可列出施工企业自行采购的材料费，如 PVC 管、线缆等。

表四（零小）可列出永久固定在施工现场的设备及其他表三无法计列的工作量的费用，如天面抱杆、小 AC 箱、挡雨篷的采购及施工、二次搬运的费用等。

表 5-12　集采费用表

序号	类别	名称	单位	单价/元	佛山南海桂城东骏广场 GS-EFH				总计			
					预算价值/元					预算价值/元		
					数量	除税价	增值税	含税价	数量	除税价	增值税	含税价
1	NodeB 主设备	爱立信 BBU（微小）	个	17118.80								
2	NodeB 主设备	中兴 BBU（微小）	个	21799.26								
7	NodeB 主设备	爱立信微 RRU	个	16323.49								
8	NodeB 主设备	中兴微 RRU	个	6918.56								
9	NodeB 主设备	中兴一体化微站 BS8922	个	25432.25								
10	NodeB 主设备	中兴一体化微站 BS8922+RELAY	个	28732.26								
11	NodeB 主设备	爱立信载波（FDD）	站	32748.14	1	32748.14	5567.18	38315.32	35	1146184.79	194851.41	1341036.20
12	NodeB 主设备	中兴载波（一体化皮飞站）	个	1000.00								
13	NodeB 主设备	爱立信载波（LTE 宏站、室分信源）	个	25492.14								
14	NodeB 主设备	中兴载波（LTE 宏站、室分信源）	个	34199.43								
15	NodeB 主设备	爱立信载波（GSM 宏站、室分）	个	13919.98								
51	PVC 管（φ50）	PVC 管（φ50）	米	11.08	30	332.40	56.51	388.91	736	8154.88	1386.33	9541.21
52	华为 ATD4519R0	LTE 高增益窄波束天线	副	3300								
53	华为 ANT-ATD 451800-1774	LTE 合路天线	副	5000								
	合计：					33080.54	5623.69	38704.23		1154339.67	196237.74	1350577.41

5.3.5　其他费

其他费包括勘察设计费、建设工程监理费、安全生产费、工程服务费等，如表 5-13 所示。

① 项目建设管理费：指建设单位发生的管理性质的开支，通信工程一般不在此计列。

② 可行性研究费：指在建设项目前期工作中，编制和评估项目建议书（或预可行性研究报告）、可行性研究报告所需的费用，通信工程一般有专门投标，不在此计列。

③ 勘察设计费：指委托勘察设计单位进行工程水文地质勘察、工程设计所发生的各项费用，包括勘察费、设计费。

④ 建设工程监理费：指建设单位委托工程监理单位实施工程监理的费用。

⑤ 安全生产费：指施工企业按照国家有关规定和建筑施工安全标准，购置施工防护用具、落实安全施工措施以及改善安全生产条件所需要的各项费用，不能降点打折。

安全生产费=建筑安装工程费×1.5%

表 5-13　其他费

建设项目名称：中国移动 4G 网络四期工程××地区无线工程								
单项工程名称：基站无线主设备及配套单项工程								WX-05
序号	费用名称	单位	数量	单价/元	合计/元			备　注
1	2	3	4	5	除税价	增值税	含税价	9
5	总体设计费							本地区总勘察设计费×5%
6	勘察设计费				204339.11	12260.35	216599.45	
7	（1）勘察费				148750.00	8925.00	157675.00	宏基站勘察费：4250 元/站，室内覆盖基站信源勘察费：3400 元/站
8	（2）设计费				55589.11	3335.35	58924.45	根据《工程勘察设计收费管理规定》（计价格[2002]10号）的《附表一工程设计收费基价表》确定
11	建设工程监理费				12355.12	741.31	13096.42	国家发改委、建设部《关于建设工程监理与相关服务收费管理规定》计价格[2007]670 号
12	安全生产费				4656.88	512.26	5169.14	工信部通函[2012]213 号《关于调整通信工程安全生产费取费标准和使用范围的通知》，安全生产费=建安费×1.5%
19	工程服务费-爱立信（宏站、室分信源）	载波	150	4590.45	688567.50	75742.43	764309.93	
20	工程服务费-中兴（宏站、室分信源）	载波		3066.89				
21	制作粘贴资产条码费	站	35	100.00	3500.00	385.00	3885.00	100 元/站
22	无线网资源录入费-扩容站	站		50.00				载波扩容站 50 元/站，其他站 100 元/站
23	无线网资源录入费	站	35	100.00	3500.00	385.00	3885.00	扩容站 50 元/站，其他站 100 元/站
	总计				916918.60	90026.34	1006944.94	

5.3.6　汇总表

如表 5-14 所示为表二～表五各站点费用的汇总表，而表一只是汇总整个项目所有站点的汇总表。由于篇幅有限，这里只展示了部分费用，隐藏了大部分行列。建设单位可依据此汇总表开展项目概预算评审，并给相关单位拨付相应款项。

值得注意的是，施工费用包括了两部分，降点部分和非降点部分，其中非降点部分不打折扣，建设单位必须足额支付。

　　另可根据表格最后两列进行公式核对，检查各项费用前后是否一致，有利于核对公式链接及填写的正确性。

表 5-14　汇总表（隐藏部分行列）

单位：元

序号	规范命名（有后缀）	主设备三费			工程费	主设备施工			
		建安费	设计费	监理费		主设备规费	主设备税金	主设备施工费-降点项目	主设备施工费-不降点项目
1	佛山南海桂城东骏广场 GS-EFH	12618.44	5984.28	413.61	45698.97	2019.73	1135.66	10598.71	3944.66
2	佛山南海桂城丽晶酒店 GS-EFH	11810.27	5953.61	400.68	44890.80	1890.37	1062.92	9919.89	3730.45
3	佛山南海桂城保险公司 GS-EFH	12078.40	5963.78	404.97	45158.93	1933.31	1087.06	10145.09	3801.54
10	佛山南海桂城军桥 GS-EFH	7776.05	5806.81	337.20	41022.79	1243.30	699.84	6532.75	2659.78
	汇总	310459	204339	12355	1464798.55	49667.49	27941.30	260791.39	103265.67
	核对	310459	204339	12355					
		310459	204339	12355		规费核对	税金核对		
		0	0	0		0.00	0.00		

5.3.7　工作量表

　　上述表一～表五的源数据均来自此工作量表，实际工作中，只需将表四设备费和材料费进行修正，并填写此表，表一～表五、汇总表所有数据都会自动生成，如表 5-15 所示。

表 5-15　工作量表（隐藏部分行列）

	1	2	7	8	18	144	145
			机房	机房			
			电源	电源	电源		
序号	规范命名（有后缀）	站型	安装室内接地排	空开盒/箱	室内 16mm² 以下-公式计算	勘察费/元	设备厂家
			个	台	10 米·条	公式	
1	佛山南海桂城东骏广场 GS-EFH	FDD 宏站			0.3	4250	爱立信
2	佛山南海桂城丽晶酒店 GS-EFH	FDD 宏站			0.3	4250	爱立信
3	佛山南海桂城保险公司 GS-EFH	FDD 宏站			0.3	4250	爱立信
4	佛山南海桂城军桥 GS-EFH	FDD 宏站			0.3	4250	爱立信
5	佛山南海桂城医院 GS-EFH	FDD 宏站			0.3	4250	爱立信
33	佛山南海桂城桂城地铁站 GS-EFW	FDD 宏站			3	4250	爱立信
34	佛山南海桂城金融高新区地铁站 GS-EFW	FDD 宏站			3	4250	爱立信
35	佛山南海桂城雷岗地铁站 GS-EFW	FDD 宏站			3	4250	爱立信
300							
301	汇总		1	0		148750	0

此工作方式可有效规避个性化操作，即使不懂概预算的人员亦可完成预算编制工作。但对于模板制作人员提出了更高的要求，每个公式必须做到准确无误，且工作量未能包括全部施工环节时还要再次手动修改模板。

在实际工程中，部分费用或工日仍需共同协调，再次进行手动微调，如二次搬运费、天馈线调测费、天线价格、仪器仪表费等各地市无统一标准。部分工作量找不到对应劳动定额、部分费用依据合同应免费提供，这些都必须在此模板中灵活修正。因此，概预算编制工作需要长期的经验积累，因地制宜不断完善此项工作。

上述只是完成了无线册的概预算（主设备投资和天线投资），一方面前述所讲电源册辅材=主材×5%，而无线册辅材=主材×3%，因此会导致整个概预算金额发生变化；另一方面电源作为单独一项投资（配套投资），必须单独计册，基于这两方面考虑，新增电源册。

无线册完成后只需将最后一个工作表数据复制到电源册最后一个工作表中即可，表二辅材模板已修改成主材的 5%。

5.3.8 预算会审表

上述概预算由设计单位编制，发给建设单位、施工单位、监理单位核对无误后，需开展预算会审，此表数据量巨大，需要一个更为简化的汇总表，只包括汇总后主设备投资、天线投资、配套投资的三费（施工、设计、监理）作为设计会审的依据，如表 5-16 所示。

表中数据均有公式链接，数据来源于上述无线册和电源线的汇总表（可将这两个表复制后与预算会审表放在同一个表中）。

表 5-16 预算会审表（隐藏部分行列）

单位：元

LTE 最新站点名称	建安费费金额-降点项目（汇总）	建安费费金额-不降点项目（汇总）	设计费金额（汇总）	监理费金额（汇总）	建筑安装工程费（主设备）-降点项目	建筑安装工程费（主设备）-不降点项目	勘察设计费（主设备）	监理费（主设备）	建筑安装工程费（宏站天线）-降点项目	建筑安装工程费（宏站天线）-不降点项目	勘察设计费（宏站天线）	监理费宏站为天线（宏站天线）
佛山-GFZ-012-南海狮山油田模块局	7225.19	3436.10	8079.30	794.45	7225.19	3436.10	8079.30	794.45	0.00	0.00	0.00	0.00
佛山-GFZ-019-南海狮山广云路以南	6530.66	2953.58	8020.90	775.66	6530.66	2953.58	8020.90	775.66	0.00	0.00	0.00	0.00
佛山-GFZ-021-南海狮山大涡塘北	6686.66	3034.65	8021.23	777.51	6686.66	3034.65	8021.23	777.51	0.00	0.00	0.00	0.00
佛山-GFZ-023-南海狮山蟹口村	6695.90	3050.75	8021.62	777.69	6695.90	3050.75	8021.62	777.69	0.00	0.00	0.00	0.00
佛山-GFZ-034-南海狮山桥头村东	6695.90	3050.75	8021.62	777.69	6695.90	3050.75	8021.62	777.69	0.00	0.00	0.00	0.00
佛山 GF 南海罗村锐箭洁具厂 F-ELR	2253.46	1432.70	1193.31	254.04	2253.46	1432.70	1193.31	254.04	0.00	0.00	0.00	0.00
佛山-GF-092-南海罗村生活垃圾转运站-F	9756.91	4196.48	5971.21	432.32	9756.91	4196.48	5971.21	432.32	0.00	0.00	0.00	0.00
佛山-GF-091-南海源创伟运输有限公司-F	7029.65	3085.69	5866.79	381.76	7029.65	3085.69	5866.79	381.76	0.00	0.00	0.00	0.00
佛山 GF 南海罗村锐箭洁具厂 D-ELR	2253.46	1432.70	1193.31	254.04	2253.46	1432.70	1193.31	254.04	0.00	0.00	0.00	0.00

还可编制费用统计表，方便汇总各个单位的数据、汇总各个项目的总金额及核对数据的准确性，如表 5-17 所示。

表 5-17 费用统计表（隐藏部分行列）

单位：元

设计院	分册	分册	预算总额-不含税	设备费	建安费-降点项目	规费-不降点	税金-不降点	零小工程包干费-不降点	预备费	其他费			
										勘察设计费	其他费合计	降点项目合计	不降点项目合计
江苏院	1	主设备	5076383.41	3159702.26	286383.34	54816.38	37531.97	44654.10	146555.22	367281.12	1384272.11	286383.34	158720.44
江苏院	2	天线	623674.38	394000.00	154159.26	29223.66	20172.12	0.00	18165.27	19919.71	28126.18	154159.26	52146.52
江苏院	3	配套	0.00	0.00	0.00	0.00	0.00	0.00	0.00	0.00	0.00	0.00	0.00
中睿院	1	主设备											
中睿院	2	天线											
中睿院	3	配套											
华信院	1	主设备	0.00						0.00		0.00	0.00	0.00
华信院	2	天线	0.00						0.00		0.00	0.00	0.00
华信院	3	配套	0.00						0.00		0.00	0.00	0.00
	汇总		5700057.79	3553702.26	440542.61	84040.04	57704.09	44654.10	164720.50	387200.83	1412398.29	440542.61	210866.97

核对			
建安费-降点项目	建安费-不降点项目	设计费	监理费
0.00	0.00	0.00	0.00

 **实践窗口**

（1）列出通信概预算的组成。

（2）列出表二建安费的组成。

（3）学会通信行业常用 Excel 公式。

（4）对照一批站点图纸，填写预算模板中的工作量表，并学会制作单站点和一批站点的预算。

（5）掌握并完成预算会审表。

（6）学习预算模板各项数据来源和公式，尤其是预算汇总表中各项数据，有助力于加强对预算的理解。

（7）学习施工、设计、监理三费的组成及公式。

（8）学习主设备、配套、天线投资的分配。

反侵权盗版声明

电子工业出版社依法对本作品享有专有出版权。任何未经权利人书面许可，复制、销售或通过信息网络传播本作品的行为，歪曲、篡改、剽窃本作品的行为，均违反《中华人民共和国著作权法》，其行为人应承担相应的民事责任和行政责任，构成犯罪的，将被依法追究刑事责任。

为了维护市场秩序，保护权利人的合法权益，我社将依法查处和打击侵权盗版的单位和个人。欢迎社会各界人士积极举报侵权盗版行为，本社将奖励举报有功人员，并保证举报人的信息不被泄露。

举报电话：（010）88254396；（010）88258888

传　　真：（010）88254397

E-mail：　dbqq@phei.com.cn

通信地址：北京市海淀区万寿路 173 信箱
　　　　　电子工业出版社总编办公室

邮　　编：100036